DEUTSCHE AKADEMIE DER WISSENSCHAFTEN ZU BERLIN

Veröffentlichungen des Geodätischen Institutes in Potsdam

Nr. 23

LAPLACE-AZIMUTE ZWISCHEN WEIT ENTFERNTEN STATIONEN AUS SATELLITENBEOBACHTUNGEN

ZUR STATISTISCHEN ANALYSE DER FEHLER IM FEINNIVELLEMENT

Von

KURT ARNOLD

Mit 15 Abbildungen

AKADEMIE-VERLAG · BERLIN

1963

Erschienen im Akademie-Verlag GmbH, Berlin W 8, Leipziger Straße 3—4

Lizenznummer: 202 · 100/509/63
Gesamtherstellung: VEB Druckerei „Thomas Müntzer" Bad Langensalza
Bestellnummer: 2016/23 · ES 19 C · Preis: DM 15,—

Laplace-Azimute zwischen weit entfernten Stationen aus Satellitenbeobachtungen

Zusammenfassung

Die Benutzung der Satellitenbeobachtungen zur Bestimmung absoluter oder relativer geodätischer Koordinaten auf der Erdoberfläche oder im dreidimensionalen Raum ist wiederholt vorgeschlagen worden, indem die Position des Satelliten im Raum durch die Beobachtungsstrahlen auf die Erde projiziert werden soll.

Wird der Satellit nicht von mehreren symmetrisch verteilten Stationen gleichzeitig beobachtet — was sehr aufwendig ist —, sondern wird seine Position aus seiner Ephemeride bestimmt, so zeigt die Diskussion der Fehlertheorie dieser Methode, daß die bestenfalls 60 bis 100 m betragenden Fehler in der räumlichen Position des Satelliten voll in die gesuchten geodätischen Koordinaten eingehen, während die zufälligen Beobachtungsfehler nur etwa ± 10 bis ± 20 m bestenfalls betragen, falls man die Zeit der Beobachtung wirklich auf $\pm 0{,}001$ sec sollte haben bestimmen können, was äußerst schwierig ist.

Beobachtet man aber den Satelliten von zwei Stationen aus, die um nicht mehr als etwa 30 km außerhalb der momentanen Bahnebene des Satelliten gelegen sind, simultan, wenn der Satellit etwa in 1000 km Höhe mittig zwischen diesen beiden Stationen sich befindet, deren gegenseitige Entfernung etwa das 2- bis 3fache der Höhe des Satelliten über Grund erreiche, so braucht man die Position des Satelliten im Raum nur auf etwa ± 100 m zu kennen und die Beobachtungszeit nur innerhalb von etwa $\pm 0{,}01$ sec zu fixieren, um das durch diese beiden Satellitenbeobachtungsstationen gebildete LAPLACE-Azimut aus einer Serie von mehreren photographischen Aufnahmen des Satelliten innerhalb von $\pm 0,''2$ bis $\pm 0,''3$ bestimmen zu können, wenn eine leistungsfähige Kamera herangezogen wird. Wie berichtet wird, konnte bereits aus einer einzigen Aufnahme mit einer Kamera von 75 cm Brennweite die Genauigkeit von $\pm 0,''3$ erreicht werden. So erhält man ein „absolutes" LAPLACE-Azimut, das nicht von der meistens mangelhaften Kenntnis der absoluten Lotabweichung im Ersten Vertikal eines geodätischen Zentralpunktes beeinflußt wird.

Die genannte erreichbare Genauigkeit beträgt also nahezu 10^{-6} oder auf 3000 km eine Unsicherheit von etwa ± 4 m bis ± 5 m.

Ein nach dieser Satelliten-Methode beobachtetes „absolutes" LAPLACEsches Azimut gestattet die „absolute" azimutale Orientierung kontinentaler geodätischer Systeme. Für den Schnittpunkt zweier derartiger „LAPLACE-Azimute" ergeben sich genauestens die geodätischen Koordinaten.

Werden bei der Ermittelung der Lage geodätischer Punkte auf der Erdoberfläche künstliche Erdsatelliten zu Hilfe genommen, so ist es sicher das Ideal, aus einer einzigen isolierten Beobachtung des Satelliten oder aus der Gesamtheit der während eines „Satellitendurchganges" erzielten Beobachtungen die Position des Beobachtungsortes auf der Erdoberfläche mit angemessener Genauigkeit bestimmen zu können. Für geodätische Zwecke wäre, wegen der Konkurrenz anderer Methoden, im Endresultat eine Genauigkeit von ± 20 bis ± 30 m erwünscht.

Als eine besonders geeignete Beobachtungsmethode empfiehlt sich das Photographieren des Satelliten relativ zu dem Sternenhintergrund. Wird dabei das Fernrohr mit der Kamera der täglichen Bewegung der Sterne nachgeführt, was heute bereits auf variablen Feldstationen mit genügender Genauigkeit technisch möglich ist [5], so werden die Sterne auf der Platte als scharfe Punkte abgebildet. Strahlt der Satellit kurze etwa 0,001 sec dauernde Lichtblitze genügender Helligkeit aus, so wird auch dieser punktförmig auf der Platte erscheinen. Aus der Ausmessung der Platte erhält man die topozentrische Rektaszension α_S und Deklination δ_S der Projektion des Satelliten auf die Himmelskugel und damit die Richtung des Vektors $\mathfrak{a}^\circ$ vom irdischen Beobachtungspunkt P zum Satelliten S im raumfesten X, Y, Z-Koordinatensystem.

Die X, Y-Ebene sei die Äquatorebene, die X-Achse zeige zum Frühlingspunkt. Die Z-Achse sei die Rotationsachse der Erde.

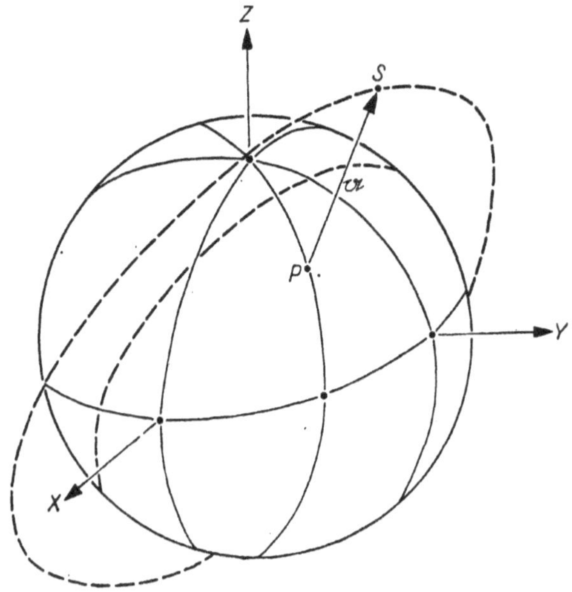

Abb. 1

Weil der Erdradius im Vergleich mit der Entfernung der Sterne verschwindend klein ist, gilt

$$\mathfrak{a}^\circ = \begin{Bmatrix} X_a \\ Y_a \\ Z_a \end{Bmatrix} = \begin{Bmatrix} \cos\delta_a & \cos\alpha_a \\ \cos\delta_a & \sin\alpha_a \\ \sin\delta_a & \end{Bmatrix} .$$

Kennt man also die Position des Satelliten im Raum, kennt man ferner den Vektor $\mathfrak{a}^\circ$ aus der Beobachtung des Satelliten und kennt man schließlich das mittlere Erdellipsoid und die Topographie und die Geoidundulation wenigstens in der Umgebung des Beobachtungspunktes P und hat man die Zeit genügend genau fixiert, so kann man vom Satelliten aus den Vektor $\mathfrak{a}^\circ$ abtragen und diesen rückwärts solange verlängern, bis er die Erdoberfläche trifft und damit die Lage des Beobachtungspunktes markiert.

Ist $\mathfrak{x}_P$ die im X, Y, Z-System zeitlich variable Position des Punktes P, $\mathfrak{x}_S$ die des Satelliten, ε die Entfernung von P nach S, so folgt

$$\mathfrak{x}_P = \mathfrak{x}_S - \varepsilon\, \mathfrak{a}^\circ . \tag{1}$$

Projizieren wir den Punkt P auf das Erdellipsoid in den Punkt P^* entlang dem Vektor $-\mathfrak{x}_P^\circ (H + \zeta)$, wenn $\mathfrak{x}_P^\circ$ der Einheitsvektor von $\mathfrak{x}_P$, H die topographische Höhe und ζ die Geoidundulation ist, also

$$\left.\begin{aligned} \mathfrak{x}_P &= \mathfrak{x}_{P^*} + \mathfrak{x}_R^\circ (H + \zeta) = \mathfrak{x}_{P^*} + \delta\, \mathfrak{x}_P , \\ \mathfrak{x}_{P^*} &= \mathfrak{x}_S - \varepsilon\, \mathfrak{a}^\circ - \delta\, \mathfrak{x}_P , \end{aligned}\right\} \tag{2}$$

so erfüllt $\mathfrak{x}_{P^*}$ die Gleichung des als Rotationsellipsoid aufgefaßten Erdellipsoids.

In einem mit der Erde fest verbundenen x, y, z-Koordinatensystem gilt für das Rotationsellipsoid

$$\frac{x_{P^*}^2}{a^2} + \frac{y_{P^*}^2}{a^2} + \frac{z_{P^*}^2}{b^2} = 1 \tag{3}$$

mit

$$\begin{Bmatrix} x \\ y \\ z \end{Bmatrix} = \begin{pmatrix} \cos\Theta & \sin\Theta & 0 \\ -\sin\Theta & \cos\Theta & 0 \\ 0 & 0 & 1 \end{pmatrix} \begin{pmatrix} X \\ Y \\ Z \end{pmatrix}, \tag{4}$$

wenn Θ die Sternzeit ist, und es folgt

$$\frac{X_{P^*}^2}{a^2} + \frac{Y_{P^*}^2}{a^2} + \frac{Z_{P^*}^2}{b^2} = 1 . \tag{5}$$

Ferner ist

$$X_a^2 + Y_a^2 + Z_a^2 = 1 .$$

Aus (2) und (5) wird damit

$$\frac{[X_S - \varepsilon X_a - \delta X_P]^2}{a^2} + \frac{[Y_S - \varepsilon Y_a - \delta Y_P]^2}{a^2} + \frac{[Z_S - \varepsilon Z_a - \delta Z_P]^2}{b^2} = 1 . \tag{6}$$

Es folgt eine quadratische Gleichung für ε:

$$r\, \varepsilon^2 - 2\, p\, \varepsilon + q = 0 \tag{7}$$

mit

$$\left.\begin{aligned} r &= \frac{X_a^2}{a^2} + \frac{Y_a^2}{a^2} + \frac{Z_a^2}{b^2} , \\ p &= \frac{(X_S - \delta X_P)\, X_a}{a^2} + \frac{(Y_S - \delta Y_P)\, Y_a}{a^2} + \frac{(Z_S - \delta Z_P)\, Z_a}{b^2} , \\ q &= \frac{(X_S - \delta X_P)^2}{a^2} + \frac{(Y_S - \delta Y_P)^2}{a^2} + \frac{(Z_S - \delta Z_P)^2}{b^2} - 1 . \end{aligned}\right\} \tag{7a}$$

Der Vektor δx_P beschreibt die Abweichungen der Erdoberfläche von dem mittleren Erdellipsoid, er wird in den Gleichungen (6) und (7) als genügend genau bekannt vorausgesetzt.

Die quadratische Gleichung (7) liefert ε, und Gleichung (1) ergibt dann die gesuchten Koordinaten des Beobachtungspunktes $\mathfrak{x}_P$.

Die praktische Realisierung dieses oben geschilderten Idealbildes von der geodätischen Punktbestimmung mittels Erdsatelliten macht nun gewisse Schwierigkeiten, die man erkennt, wenn die tatsächliche Genauigkeit der als bekannt eingeführten Größen verglichen wird mit der gewünschten Genauigkeit der geodätischen Punktbestimmung von 20 bis 30 m auf der Erdoberfläche.

Eine der größten Fehlerquellen dürfte aus der ungenauen Kenntnis der Position des Satelliten entstehen. Wird dieser im Zenit beobachtet, so entfällt freilich die vertikale Komponente dieses Fehlers, weil sie dann in der Richtung des Vektors $\mathfrak{a}$ liegt, dafür gehen aber die beiden horizontalen Komponenten in voller Größe in das Ergebnis ein.

Nun hat man bei der Beobachtung der künstlichen Erdsatelliten Abweichungen von der vorausberechneten Ephemeride bis zu mehreren Kilometern gefunden.

Die Bahn eines speziellen geodätischen Satelliten wird freilich genauer bekannt sein, wird man doch nur sehr hoch fliegende Objekte wählen, die nur in geringem Maße von der Reibung an der Atmosphäre und von den Schwereanomalien beeinflußt werden. Man wird ferner die Ephemeride des geodätischen Satelliten sicherlich auf mehr Beobachtungen stützen, als allgemein üblich ist, und man wird sie durch einen genaueren analytischen Ausdruck darstellen, der nicht nur die linear veränderlichen Glieder, sondern auch die periodischen Störungen, hervorgerufen durch die Massenunregelmäßigkeiten der Erde, berücksichtigt. Trotzdem wird man die Position des Satelliten im Raum gegenwärtig kaum genauer als auf ± 100 m vorausberechnen können.

Es ist nämlich zu berücksichtigen, daß eine Kugelfunktion, z. B. $P_{4.1}$, im Schwerefeld der Erde Störungen in der Lage der Knotenlinie (Ω) bzw. der Apsidenlinie (ω) bzw. der Neigung i hervorruft. Diese Störungen lassen sich analytisch durch mehrere Winkelfunktionen ausdrücken, eine davon bewirkt bei einem geodätischen Satelliten lineare Punktverschiebungen im Raum um $\pm$ 69 m bzw. $\mp$ 34 m bzw. $\mp$ 19 m. Bei der Kugelfunktion $P_{4.2}$ haben wir ein Glied, das analog $\pm$ 34 m bzw. $\pm$ 63 m bzw. $\mp$ 15 m erreicht, und bei $P_{6.1}$ haben wir $\pm$ 9 m, $\mp$ 173 m, $\pm$ 6 m. Bei $P_{6.1}$ tritt in der mittleren Anomalie noch ein Glied von $\mp$ 42 m hinzu [3].

Man kennt heute nur für die zonalen Kugelfunktionen $P_{n.0}$ bis etwa zur 5. oder 6. Ordnung einigermaßen gesicherte Werte, die tesseralen und sektoriellen Kugelfunktionen sind alle noch weitgehend unbekannt, oder der mittlere Fehler ihrer Bestimmungsgenauigkeit ist etwa ebenso groß wie der Wert selbst, so daß die obigen numerischen Werte der Störungen vollständig in das Resultat eingehen werden.

Zu den Wirkungen der Schwereanomalien treten die Gravitationskräfte von Ebbe und Flut, der Gezeiten der festen Erde und die unregelmäßigen und zeitlich veränderlichen Anteile der Reibung an der Atmosphäre.

Durch wiederholte Beobachtung desselben Satelliten ist keine wesentliche Verbesserung des Ergebnisses zu erhoffen, weil es sich um systematische Fehler in der Position des Satelliten handelt. Wird ein Satellit nach mehreren Umläufen um die Erde wieder im Zenit beobachtet, so werden seine Störungen in beiden Fällen nicht voneinander unabhängig sein.

Bei der Beobachtung verschiedener Satelliten mit sehr unterschiedlichen Bahnen werden diese Störungen, die auch wesentlich von den Daten der Bahn abhängen, einigermaßen unterschiedlich sein. Man wird also durch die Benutzung mehrerer Satelliten zweifellos das Ergebnis verbessern können, freilich unter erheblichem Aufwand, sind doch zur Verminderung des mittleren Fehlers auf seinen dritten Teil etwa 10 Satelliten mit genauestens bestimmter Ephemeride notwendig.

Etwas günstiger erscheinen diese durch die ungenaue Position des Satelliten hervorgerufenen Fehlereinflüsse, wenn man nicht die Lage eines einzelnen Punktes isoliert ermitteln will, sondern wenn man sich darauf beschränkt, die Position relativ zu einem Bezugspunkt festzulegen.

Man wird dann im System des Bezugspunktes die Lage des Satelliten im Raum X_S, Y_S, Z_S durch räumliche „Vorwärtseinschnitte" bestimmen und die Änderung seiner Koordinaten während eines kurzen Zeitintervalles von vielleicht 15 Minuten aus der Theorie seiner Bahn errechnen, nämlich bis zum Ablauf des Zeitintervalles, an dessen Ende die Beobachtung in dem der Lage nach unbekannten Punkt erfolgt.

Ist die Ephemeride des Satelliten in möglichst genauer Form analytisch dargestellt, so wird man die Änderungen der periodischen Störungen während eines so kurzen Zeitintervalls unter Umständen innerhalb von ± 100 m gesichert erhalten.

Allerdings vermag schon eine einzelne Kugelfunktion im Schwerefeld der Erde die Position des Satelliten nach Ablauf von 5 Minuten um bis zu 15 m zu verändern [3], und man muß über alle Kugelfunktionen

$$P_{n.m} \quad \begin{array}{l} n = 0, \ldots, \infty \\ m = 0, \ldots, n \end{array}$$

summieren.

Die bei den Kugelfunktionen $P_{n.m}$ noch erscheinenden Potenzen des Verhältnisses der großen Achsen des mittleren Erdellipsoids a und der Schmiegungsellipse $\bar{a}$ der Satellitenbahn $\left[\frac{a}{\bar{a}}\right]^n$ vermögen erst für größere Werte von n bei erdnahen Satelliten wirksam zu werden.

So wird man über ein zeitliches Intervall von etwa 15 min die Bahn des Satelliten auch nur mit einer Genauigkeit von etwa ± 100 m extrapolieren können, der periodischen Störungen wegen.

Der Ortsvektor $\mathfrak{x}_S$ des Satelliten ist sehr stark mit der Zeit veränderlich, durchläuft der Satellit doch in einer Sekunde 7000 bis 8000 m. Man strebt daher an, den Satelliten zeitlich auf 0,001 sec genau festzulegen. Dies ist ein äußerst schwieriges technisches Problem. Bei einem Satelliten, von dem man reflektiertes Sonnenlicht erhält, sucht man Zeitmarkierungen durch rasches Schließen und Öffnen des photographischen Verschlusses zu erreichen. Wegen der Trägheit dieses Verschlusses werden die Unterbrechungen der hellen Satellitenspur auf der Platte nicht sehr scharf wiedergegeben, und es hat sich als kaum möglich erwiesen, auf diesem Wege die Zeit innerhalb von $\pm 0{,}001$ sec zu erhalten. 0,005 bis 0,003 sec dürften schon die besten erreichbaren Werte sein, sie legen den Satelliten innerhalb von ± 20 bis ± 40 m fest.

Hoffnungsvoller darf man dem Zeitproblem gegenüberstehen, wenn die Satelliten kräftige kurze Lichtblitze aussenden, die nicht nur auf einer photographischen Platte abgebildet werden, sondern bei denen die Momente ihres zeitlichen Erscheinens auch mittels Photozellen und Quarzuhren bestimmt werden.

Wenn jedenfalls der technische Aufwand bei der Zeitbestimmung genügend hoch getrieben wird, so dürfte dann die Ungenauigkeit in der Zeitbestimmung die aus den Beobachtungen errechnete Position des Satelliten im Raum nicht mehr, vielleicht sogar weniger verfälschen als die Mängel in der analytischen Darstellung der Bahnbewegung.

Aber nicht nur der Vektor $\mathfrak{x}_S$ ist zeitlich variabel, auch $\mathfrak{x}_P$, die Position des Beobachtungsortes, verändert sich im X, Y, Z-Koordinatensystem wegen der Rotation der Erde. Das Zeitproblem ist also von zweifacher Bedeutung.

Die Geschwindigkeit eines Punktes auf der Erdoberfläche ist wegen der Winkelgeschwindigkeit der Erde $460 \cdot \cos \varphi$ m/sec also etwa nur 1/20 der Geschwindigkeit des Satelliten.

Nehmen wir an, wir haben die Beobachtungszeit auf 0,005 sec fixieren können, so wird der Beobachtungspunkt in seiner Rotationsbewegung innerhalb von $\pm 2{,}3 \cdot \cos\varphi$ m bestimmt, eine Genauigkeit, die für unsere Zwecke allenfalls ausreichend ist.

Die erzielte Genauigkeit für die Richtung des Vektors $\mathfrak{a}$ variiert stark mit der benutzten Kamera, ihrer Brennweite und der Güte ihrer Optik.

Für die zur Debatte stehenden geodätischen Methoden kommen nur die präzisesten Beobachtungsgeräte in Frage.

Die SCHMIDT-Kamera von BAKER–NUNN mit einem Gesichtsfeld von $5^\circ \times 30^\circ$ und einer Brennweite von 50 cm ergibt eine Genauigkeit von $2''$ bis $5''$, wobei die Genauigkeit der Ausmessung der Platte senkrecht zur Bahn des Satelliten wesentlich günstiger ist als in der Richtung der Bahn des Satelliten.

Die von der Firma Wild für die Beobachtung von Satelliten entwickelte Kamera BC-4 mit einer Brennweite von 30 cm und einem Gesichtsfeld von $33^\circ \times 33^\circ$ dürfte eine etwas geringere aber durchaus noch annehmbare Genauigkeit liefern.

Stationäre Spiegelteleskope und Astrographen der Sternwarten können natürlich auch benutzt werden, wenn sie neben einem rasch arbeitenden Verschluß nur eine ausreichende Brennweite und ein zum Auffinden des Satelliten genügend großes Gesichtsfeld haben.

Eine Unsicherheit von $\pm 5''$ in der Richtung des Vektors $\mathfrak{a}$ verändert die Lage des gesuchten Beobachtungspunktes auf der Erde bei Beobachtung im Zenit und bei einer Höhe des Satelliten von 1500 km um etwa ± 40 m.

Wenn es also nach den oben dargestellten Ausführungen prinzipiell als möglich erscheint, geodätische Punktbestimmungen mittels der Beobachtung von Satelliten durchzuführen, so wäre es unzutreffend, sollte der Eindruck erweckt worden sein, auf die anderen absoluten Methoden, wie die gravimetrische, könne zugunsten der Satelliten-Methoden verzichtet werden.

Bei dieser gravimetrischen Methode führt man eine astronomische Ortsbestimmung aus und transformiert die erhaltenen φ_a- und λ_a-Werte von der oberflächlichen Niveaufläche auf das mittlere Erdellipsoid durch Subtraktion der gravimetrischen Lotabweichungen ξ bzw. $\eta/\cos\varphi$.

Gerade zur präzisen Bestimmung der Konstanten in dem mathematischen Ausdruck für die Bahn ist es notwendig, den Satelliten von solchen Stationen aus zu beobachten, deren Positionen in einem dreidimensionalen erdfesten u, v, w-Koordinatensystem innerhalb von ± 10 bis ± 20 m bekannt sind. Eine derartige absolute Punktbestimmung liefert aber nur die gravimetrische Methode.

Hat man also die astronomische Breite φ_a und die Länge λ_a aus Sternbeobachtungen und die Lotabweichungen ξ und η nach dem Integral von VENING–MEINESZ ermittelt, so ergeben sich die ellipsoidische Breite φ und Länge λ mit folgenden Formeln

$$\left.\begin{aligned} \varphi &= \varphi_a - \xi\,, \\ \lambda &= \lambda_a - \eta/\cos\varphi\,, \end{aligned}\right\} \tag{8}$$

und aus den nachstehenden Gleichungen erhält man bei Verwendung der aus dem STOKESschen Integral gefolgerten Geoidundulation ζ

$$\left.\begin{aligned} u &= (N + H + \zeta)\cos\varphi\cos\lambda\,, \\ v &= (N + H + \zeta)\cos\varphi\sin\lambda\,, \\ w &= (N\,[1 - e^2] + H + \zeta)\sin\varphi \end{aligned}\right\} \tag{9}$$

die gesuchten rechtwinkligen räumlichen Koordinaten u, v, w des Beobachtungspunktes.

Mittels der gravimetrischen Methode müssen also erst die Wertetripel φ, λ, ζ ermittelt werden, um die rechtwinkligen u, v, w-Koordinaten der Satellitenbeobachtungsstationen ableiten zu können.

Erst nachdem die Positionen der Beobachtungsstationen im dreidimensionalen Raum auf diese Weise exakt gegeben sind, wird es möglich sein, Satellitenephemeriden herzustellen, die für geodätische Zwecke in befriedigender Weise brauchbar sind.

Nach dem Geschilderten dürfte es vorteilhaft sein, eine spezielle geodätische Methode zu haben, bei der sich Fehler von etwa ± 100 m in der vorausberechneten räumlichen Position des Satelliten nicht mehr schädlich auf das Ergebnis auswirken und bei der eine Genauigkeit in der Zeitnahme von $\pm 0{,}01$ bis $\pm 0{,}005$ sec bedenkenlos toleriert werden kann.

Freilich wird diese Methode nur unter bestimmten einschränkenden Voraussetzungen anwendbar sein.

*

Bei den weiteren Untersuchungen wird eine Reihe von Koordinatensystemen gebraucht, die zunächst alle erläutert werden sollen. Wir legen dabei immer von den Aberrationseinflüssen befreite Beobachtungen zugrunde.

Von dem raumfesten rechtwinkligen X, Y, Z-System sprachen wir schon. In ihm sind die Sterne unveränderlich gegeben, solange nur Zeiträume von wenigen Minuten betrachtet werden, wie es für unsere Zwecke ausreichend ist. Die X, Y-Ebene ist die wahre Äquatorebene der Erde. Die Z-Achse ist die wahre Rotationsachse, die X-Achse zeigt zum wahren Äquinoktium. Man erhält die Rektaszension α und Deklination δ der Sterne in diesem X, Y, Z-Koordinatensystem aus den „Apparent Paces", wenn die dort gegebenen scheinbaren Werte für α und δ von der jährlichen Aberration befreit und die kurzperiodischen Nutationsglieder berücksichtigt werden.

$$\left.\begin{aligned} X &= \cos\delta \quad \cos\alpha\,, \\ Y &= \cos\delta \quad \sin\alpha\,, \\ Z &= \sin\delta\,. \end{aligned}\right\} \tag{10}$$

Neben diesem raumfesten X, Y, Z-Koordinatensystem benötigen wir zur Koordinierung der Punkte auf der Erde ein an der Rotation der Erde teilnehmendes rechtwinkliges System von x, y, z-Koordinaten.

Die x, y-Ebene ist wieder die wahre Äquatorebene und fällt also mit der X, Y-Ebene zusammen, doch rotiert die x-Achse ebenso wie die y-Achse mit der Erde. Der Greenwicher Meridian enthält die x-Achse, die z-Achse fällt mit der wahren Rotationsachse der Erde und mit der Z-Achse zusammen.

Der Übergang vom x, y, z-System zu dem der Koordinaten X, Y, Z geschieht vermittels der Greenwicher Sternzeit Θ. Mit

$$\begin{Bmatrix} x \\ y \\ z \end{Bmatrix} = M \begin{Bmatrix} X \\ Y \\ Z \end{Bmatrix} \tag{11}$$

und der orthonormierten Transformationsmatrix

$$M = \begin{pmatrix} \cos\Theta & \sin\Theta & 0 \\ -\sin\Theta & \cos\Theta & 0 \\ 0 & 0 & 1 \end{pmatrix} \tag{12}$$

sind die notwendigen Beziehungen gegeben.

Für die inverse Transformation gilt

$$\begin{Bmatrix} X \\ Y \\ Z \end{Bmatrix} = M^{-1} \begin{Bmatrix} x \\ y \\ z \end{Bmatrix} \tag{13}$$

mit

$$M^{-1} = M^T ,$$

wenn der hochgesetzte T-Index die Transposition bezeichnet.

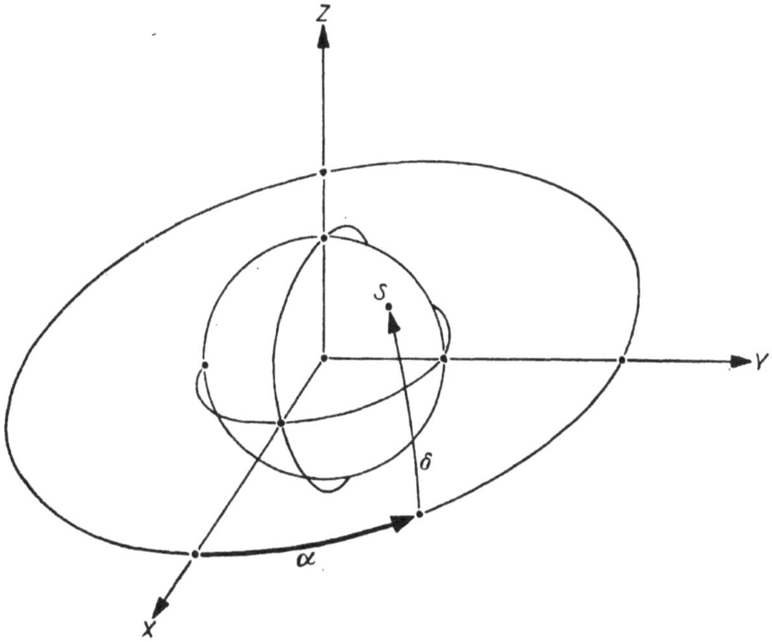

Abb. 2

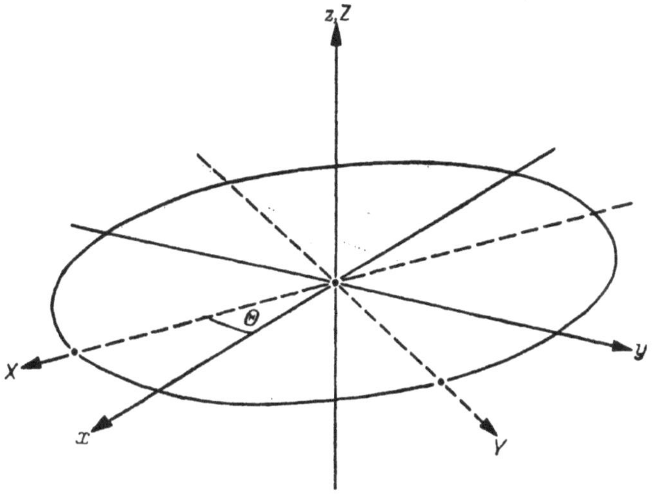

Abb. 3

Wegen der Polhöhenschwankungen ist die Rotationsachse allerdings nicht fest mit dem Erdkörper verbunden, sondern sie beschreibt relativ zum Erdkörper periodische Bewegungen um eine mittlere Lage, die wir mit dem Namen Figurenachse bezeichnen wollen.

Dieses sowohl an der Rotationsbewegung als auch an der Bewegung des Poles teilhabende System sei das der u, v, w-Koordinaten; es ist in mathematischer Strenge fest mit dem Erdkörper verbunden, wie dies auch andere geodätische Koordinatensysteme sind.

Die u, v-Ebene ist die Äquatorebene des mittleren Erdellipsoids, die w-Achse dessen Rotationsachse. Aus dem u, v, w-System erhält man das der x, y, z-Koordinaten, wenn man das erste um eine in der u, v-Ebene in der Richtung $\Lambda + 90°$ gelegene Achse dreht, und zwar um den Betrag p. Mit

$$\bar{x} = p \cdot \sin \Lambda, \qquad \bar{y} = p \cdot \cos \Lambda \tag{14}$$

folgt in genügender Annäherung für die Transformation [6]

$$\begin{Bmatrix} x \\ y \\ z \end{Bmatrix} = W \begin{Bmatrix} u \\ v \\ w \end{Bmatrix}; \qquad \begin{Bmatrix} u \\ v \\ w \end{Bmatrix} = W^{-1} \begin{Bmatrix} x \\ y \\ z \end{Bmatrix}; \tag{15}$$

$$W = \begin{pmatrix} 1 & 0 & -\bar{y} \\ 0 & 1 & -\bar{x} \\ \bar{y} & \bar{x} & 1 \end{pmatrix}, \tag{16}$$

$$W^{-1} \cong W^T = \begin{pmatrix} 1 & 0 & \bar{y} \\ 0 & 1 & \bar{x} \\ -\bar{y} & -\bar{x} & 1 \end{pmatrix}. \tag{17}$$

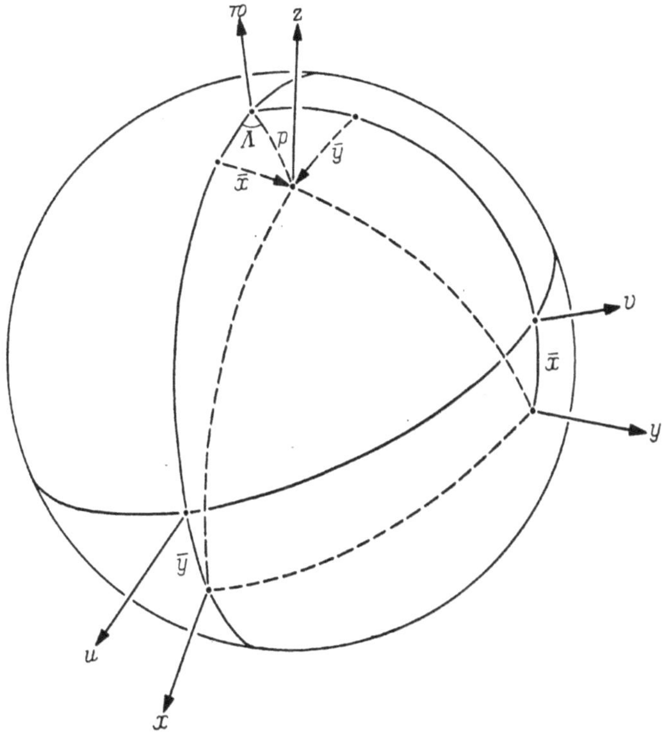

Abb. 4

Anstelle der rechtwinkligen u, v, w-Koordinaten sind in der Geodäsie oft räumliche geozentrische Polarkoordinaten üblich:

$$\left.\begin{aligned} u &= \varrho \cos\beta \cos\lambda\,, \\ v &= \varrho \cos\beta \sin\lambda\,, \\ w &= \varrho \sin\beta\,. \end{aligned}\right\} \tag{18}$$

In geographischen rotationsellipsoidischen Koordinaten wird

$$\left.\begin{aligned} u &= (N + H + \zeta) \cos\varphi \cos\lambda\,, \\ v &= (N + H + \zeta) \cos\varphi \sin\lambda\,, \\ w &= (N\,[1 - e^2] + H + \zeta) \sin\varphi\,. \end{aligned}\right\} \tag{19}$$

Schließlich ist für unser spezielles Problem noch ein anderes Koordinatensystem von Bedeutung.

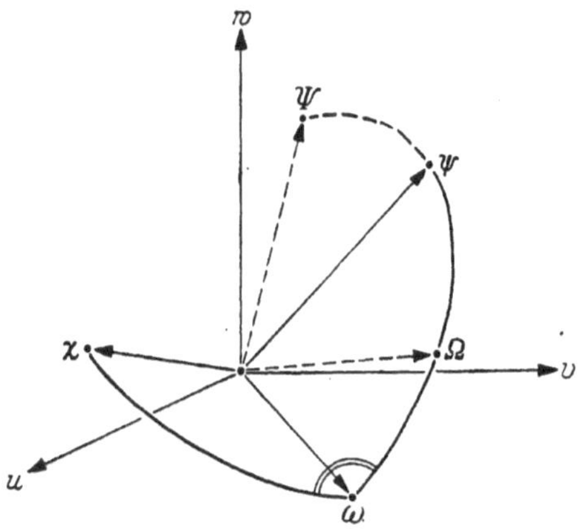

Abb. 5

Im u, v, w-System seien zwei auf der physischen Erdoberfläche liegende Punkte P_1 und P_2 gegeben. Die vom Schwerpunkt der Erde, also vom Ursprung des u, v, w-Koordinatensystems aus abgetragenen geozentrischen Radienvektoren $\mathfrak{p}_1$ und $\mathfrak{p}_2$ nach den Punkten P_1 und P_2 spannen eine Ebene auf, die im u, v, w-System, also im Erdkörper, ruht. Diese Ebene sei die ω, ψ-Ebene unseres neuen rechtwinkligen ω, ψ, χ-Systems. Die ω-Achse sei der Radiusvektor nach P_1.

Es ist also im u, v, w-System

$$\mathfrak{p}_1^\circ = \begin{Bmatrix} \cos\beta_1 & \cos\lambda_1 \\ \cos\beta_1 & \sin\lambda_1 \\ \sin\beta_1 & \end{Bmatrix}; \qquad \mathfrak{p}_2^\circ = \begin{Bmatrix} \cos\beta_2 & \cos\lambda_2 \\ \cos\beta_2 & \sin\lambda_2 \\ \sin\beta_2 & \end{Bmatrix}.$$

Der Vektor der ω-Achse ist

$$\vec{\omega} = \begin{Bmatrix} u_\omega \\ v_\omega \\ w_\omega \end{Bmatrix} = \begin{Bmatrix} \cos\beta_\omega & \cos\lambda_\omega \\ \cos\beta_\omega & \sin\lambda_\omega \\ \sin\beta_\omega & \end{Bmatrix}$$

mit

$$\vec{\omega} = \mathfrak{p}_1^\circ\,, \qquad \beta_\omega = \beta_1\,, \qquad \lambda_\omega = \lambda_1\,.$$

Die ψ-Achse im u, v, w-System finden wir leicht mit Hilfe der Vektoranalysis. Wir machen den Ansatz

$$p_1\,\mathfrak{p}_1^\circ + p_2\,\mathfrak{p}_2^\circ = \vec{\psi}\,.$$

Die Multiplikation mit $\vec{\omega} = \mathfrak{p}_1^\circ$ ergibt

$$p_1 + p_2\,\mathfrak{p}_1^\circ\,\mathfrak{p}_2^\circ = 0$$

und die Normierung

$$p_1^2 + 2\,p_1\,p_2\,\mathfrak{p}_1^\circ\,\mathfrak{p}_2^\circ + p_2^2 = 1\,.$$

Es folgen

$$p_2 = \pm\sqrt{1 + p_1^2}$$

und

$$p_1 = \mp\sqrt{1 + p_1^2}\cdot\mathfrak{p}_1^\circ\,\mathfrak{p}_2^\circ$$

als 2 Bestimmungsgleichungen für p_1 und p_2, mit

$$\mathfrak{p}_1^\circ \mathfrak{p}_2^\circ = \sin\beta_1 \sin\beta_2 + \cos\beta_1 \cos\beta_2 \cos(\lambda_2 - \lambda_1)\,.$$

Also

$$p_1 = \frac{\mathfrak{p}_1^\circ \mathfrak{p}_2^\circ}{\mp\sqrt{1-(\mathfrak{p}_1^\circ \mathfrak{p}_2^\circ)^2}}\,, \qquad p_2 = \frac{1}{\pm\sqrt{1-(\mathfrak{p}_1^\circ \mathfrak{p}_2^\circ)^2}}\,. \tag{20}$$

Für die ψ-Achse im u, v, w-System gilt

$$\vec{\psi} = \begin{Bmatrix} u_\psi \\ v_\psi \\ w_\psi \end{Bmatrix} = \begin{Bmatrix} \cos\beta_\psi & \cos\lambda_\psi \\ \cos\beta_\psi & \sin\lambda_\psi \\ \sin\beta_\psi & \end{Bmatrix} = p_1 \begin{Bmatrix} \cos\beta_1 & \cos\lambda_1 \\ \cos\beta_1 & \sin\lambda_1 \\ \sin\beta_1 & \end{Bmatrix} + p_2 \begin{Bmatrix} \cos\beta_2 & \cos\lambda_2 \\ \cos\beta_2 & \sin\lambda_2 \\ \sin\beta_2 & \end{Bmatrix}. \tag{21}$$

Die sphärischen Polarkoordinaten von $\vec{\psi}$ sind dann

$$\sin\beta_\psi = w_\psi\,; \qquad \operatorname{cotg}\lambda_\psi = \frac{u_\psi}{v_\psi}\,. \tag{22}$$

Der nun noch zu bestimmende Vektor der χ-Achse steht senkrecht auf den nunmehr im u, v, w-System bekannten Vektoren $\vec{\omega}$ und $\vec{\psi}$. Das vektorielle Produkt ist

$$\vec{\chi} = \begin{vmatrix} \vec{u} & \vec{v} & \vec{w} \\ u_\omega & v_\omega & w_\omega \\ u_\psi & v_\psi & w_\psi \end{vmatrix}, \tag{23}$$

und wir erhalten

$$\vec{\chi} = \begin{Bmatrix} u_\chi \\ v_\chi \\ w_\chi \end{Bmatrix} = \begin{Bmatrix} \cos\beta_\chi & \cos\lambda_\chi \\ \cos\beta_\chi & \sin\lambda_\chi \\ \sin\beta_\chi & \end{Bmatrix} = \begin{Bmatrix} v_\omega\, w_\psi - v_\psi\, w_\omega \\ u_\psi\, w_\omega - u_\omega\, w_\psi \\ u_\omega\, v_\psi - u_\psi\, v_\omega \end{Bmatrix}. \tag{24}$$

So ergeben sich für den Übergang vom u, v, w-System in das der ω, ψ, χ-Koordinaten

$$\begin{Bmatrix} \omega \\ \psi \\ \chi \end{Bmatrix} = S \begin{Bmatrix} u \\ v \\ w \end{Bmatrix}; \qquad \begin{Bmatrix} u \\ v \\ w \end{Bmatrix} = S^{-1} \begin{Bmatrix} \omega \\ \psi \\ \chi \end{Bmatrix} \tag{25}$$

$$S^{-1} = S^T$$

$$S = \begin{pmatrix} u_\omega & v_\omega & w_\omega \\ u_\psi & v_\psi & w_\psi \\ u_\chi & v_\chi & w_\chi \end{pmatrix}. \tag{26}$$

Wir wollen nun einen im raumfesten System (X, Y, Z) gegebenen Vektor im ω, ψ, χ-System darstellen und finden mit (11), (15), (25)

$$\begin{pmatrix} \omega \\ \psi \\ \chi \end{pmatrix} = S\, W^{-1} M \begin{pmatrix} X \\ Y \\ Z \end{pmatrix} \tag{27}$$

und für die Umkehrung

$$\begin{pmatrix} X \\ Y \\ Z \end{pmatrix} = M^{-1}\, W\, S^{-1} \begin{pmatrix} \omega \\ \psi \\ \chi \end{pmatrix}. \tag{28}$$

Wie sich bei den späteren Untersuchungen ergeben wird, ist es für unser Problem vorteilhaft, den Einheitsvektor $\mathfrak{a}^\circ$, der vom Beobachtungspunkt P zum Satelliten S zeigt, vom X, Y, Z-System, in dem er durch die Rektaszension und Deklination gegeben ist, in das ω, ψ, χ-System zu transformieren.

Wie sich später zeigen wird, ist es für manche Betrachtungen zweckmäßig, das ω, ψ, χ-System um die χ-Achse so weit zu drehen, bis die ω-Achse den etwa mittig zwischen den Beobachtungsstationen P_1 und P_2 befindlichen Satelliten trifft. So erhalten wir das Ω, Ψ, χ-System, mit dessen Hilfe wir später abschätzen werden, welchen Einfluß die Ungenauigkeiten in der Kenntnis der Position des Satelliten im Raum auf das Ergebnis haben werden (Abb. 5). Eine mehr exakte mathematische Formulierung der Transformationsmatrix für den Übergang von einem dieser Systeme in das andere ist nicht notwendig; denn im Ω, Ψ, χ-System werden die einzelnen Werte nur größenordnungsgemäß behandelt werden, und eine genäherte Definition befriedigt schon.

Im Vorstehenden haben wir immer vorausgesetzt, die erdfesten geodätischen Koordinatensysteme, also (u, v, w) und auch (ω, ψ, χ) seien im Schwerpunkt der Erde abgetragen. Wegen der Ungenauigkeiten der Orientierungsdaten sind die geodätischen Rechenellipsoide aber um ± 30 bis ± 100 m exzentrisch zum mittleren Erdellipsoid, und damit sind auch die verschiedenen geodätischen Systeme um einen Fehlervektor dieses Betrages gegeneinander im Raum verschoben. Die kleinen Halbachsen der Rechenellipsoide und des mittleren Erdellipsoids sind freilich zueinander parallel. Das Rechenellipsoid und das mittlere Erdellipsoid sind starr miteinander verbunden. Der Mittelpunkt O' des Rechenellipsoids nimmt also an der Rotationsbewegung des mittleren Erdellipsoids und an den Polhöhenschwankungen teil.

So führen wir noch ein zum raumfesten X, Y, Z-System verschobenes und im Punkte O' abgetragenes X', Y', Z'-System ein, zum Zwecke der Koordinierung der geodätischen Punkte auf der Erde, den Satelliten ebenso wie den Vektor $\mathfrak{a}°$ geben wir aber weiterhin im X, Y, Z-System an.

Durch die gleiche Parallelverschiebung geht das ω, ψ, χ-System in das ω', ψ', χ'-System über (Abb. 6).

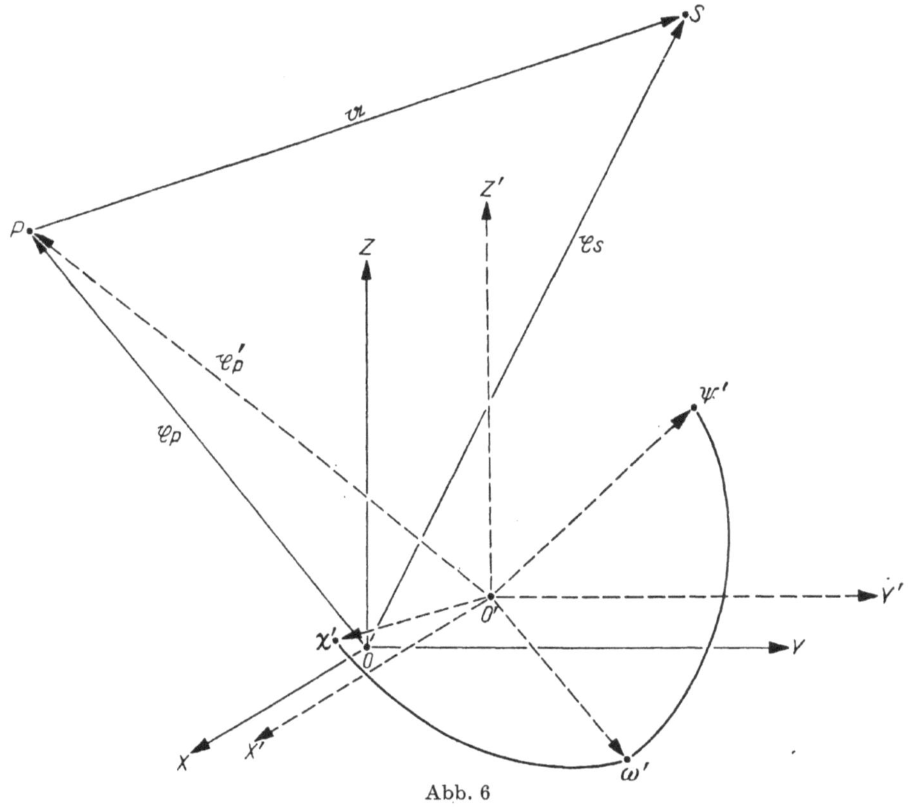

Abb. 6

Die Geoidundulationen ζ werden dabei in die Geoidhöhen ζ' der einzelnen geodätischen Systeme transformiert. Die Lage der Punkte P im Raum bleibt natürlich ungeändert, ebenso wie die Entfernung ε zwischen den Beobachtungsstationen und dem Satelliten.

Für die Transformation zwischen diesen gegeneinander parallel verschobenen Systemen gilt also

$$\left.\begin{aligned} \mathfrak{x}_P &= \mathfrak{x}'_P + \Delta\,\mathfrak{x}(t) \\ \varepsilon &= \varepsilon' \\ \zeta &\to \zeta' \end{aligned}\right\} \tag{29}$$

und für das u, v, w- und das dazu parallele u', v', w'-System

$$\begin{pmatrix} u \\ v \\ w \end{pmatrix} = \begin{pmatrix} u' \\ v' \\ w' \end{pmatrix} + \begin{pmatrix} \Delta u \\ \Delta v \\ \Delta w \end{pmatrix} \tag{30}$$

und für das ω, ψ, χ-System

$$\begin{pmatrix} \omega \\ \psi \\ \chi \end{pmatrix} = \begin{pmatrix} \omega' \\ \psi' \\ \chi' \end{pmatrix} + \begin{pmatrix} \Delta\omega \\ \Delta\psi \\ \Delta\chi \end{pmatrix}. \tag{31}$$

Das X', Y', Z'-System wird bei der Rotation der Erde mitgeführt, ohne daß seine Koordinatenachsen ihre Richtung ändern würden. Der Vektor

$$\Delta\,\mathfrak{x}(t) = \begin{pmatrix} \Delta\,X(t) \\ \Delta\,Y(t) \\ \Delta\,Z(t) \end{pmatrix} \tag{32}$$

rotiert daher mit der Erde und ist so zeitlich variabel.

Sowohl das u, v, w-System als auch das u', v', w'-System sind aber beide ebenso wie das ω, ψ, χ- und ω', ψ', χ'-System mit dem Erdkörper fest verbunden, beide führen die gleiche Rotationsbewegung aus, und die Vektoren

$$\begin{pmatrix} \Delta u \\ \Delta v \\ \Delta w \end{pmatrix} \text{ und } \begin{pmatrix} \Delta\omega \\ \Delta\psi \\ \Delta\chi \end{pmatrix}$$

sind daher nicht von der Zeit abhängig.

Gehen wir nicht vom mittleren Erdellipsoid, sondern von einem Rechenellipsoid aus, so werden wir zur Bestimmung von ε mit (2) zu folgenden Gleichungen geführt, indem wir den Index P fortlassen:

$$\mathfrak{x} = \mathfrak{x}' + \Delta\mathfrak{x} = \mathfrak{x}'_* + (\mathfrak{x}')^\circ \cdot (H + \zeta') + \Delta\mathfrak{x} = \mathfrak{x}'_* + \delta\mathfrak{x}' + \Delta\mathfrak{x}$$

$$\mathfrak{x}'_* = \begin{pmatrix} X'_* \\ Y'_* \\ Z'_* \end{pmatrix}$$

$$\delta\mathfrak{x}' = (\mathfrak{x}')^\circ\,(H + \zeta') = \begin{pmatrix} \delta X' \\ \delta Y' \\ \delta Z' \end{pmatrix}$$

$$\Delta\mathfrak{x} = \begin{pmatrix} \Delta X \\ \Delta Y \\ \Delta Z \end{pmatrix}.$$

$\mathfrak{x}'_*$ erfüllt die Gleichung des Referenzellipsoides mit a' und b' als großer und kleiner Halbachse.

$$\frac{(X'_*)^2}{(a')^2} + \frac{(Y'_*)^2}{(a')^2} + \frac{(Z'_*)^2}{(b')^2} = 1 .$$

Setzen wir hier

$$\mathfrak{x}'_* = \mathfrak{x}_S - \varepsilon\, \mathfrak{a}^\circ - \delta\mathfrak{x}' - \Delta\mathfrak{x}$$

ein, oder substituieren wir in (6)

$$\delta\mathfrak{x} \to \delta\mathfrak{x}' + \Delta\mathfrak{x} \tag{33}$$

und

$$a \to a', \qquad b \to b' ,$$

so erhalten wir eine quadratische Gleichung für ε mit Koeffizienten, die, was den Beobachtungspunkt betrifft, auf das mit $'$ bezeichnete System bezogen sind, nämlich:

$$r'\,\varepsilon^2 - 2\,p'\,\varepsilon + q' = 0 \tag{34}$$

mit

$$r' = \frac{X_a^2}{(a')^2} + \frac{Y_a^2}{(a')^2} + \frac{Z_a^2}{(b')^2}$$

$$\begin{aligned} p' &= \frac{(X_S - \delta X' - \Delta X)\, X_a}{(a')^2} + \frac{(Y_S - \delta Y' - \Delta Y)\, Y_a}{(a')^2} + \frac{(Z_S - \delta Z' - \Delta Z)\, Z_a}{(b')^2} \\ q' &= \frac{(X_S - \delta X' - \Delta X)^2}{(a')^2} + \frac{(Y_S - \delta Y' - \Delta Y)^2}{(a')^2} + \frac{(Z_S - \delta Z' - \Delta Z)^2}{(b')^2} - 1 . \end{aligned} \tag{35}$$

*

Kommen wir nun zum eigentlichen Kern des Problems. In der engen Nachbarschaft von etwa 10 bis 50 m von zwei Satellitenbeobachtungsstationen

$$P_1(u'_1, v'_1, w'_1) ,$$

$$P_2(u'_2, v'_2, w'_2) ,$$

deren genaue geodätische Positionen im Raum noch unbekannt seien, seien die beiden Punkte

$$P_{1.0}(u'_{1.0}, v'_{1.0}, w'_{1.0})$$

$$P_{2.0}(u'_{2.0}, v'_{2.0}, w'_{2.0})$$

als Näherungspositionen für die Beobachtungsstationen P_1 und P_2 mit mathematischer Genauigkeit bekannt. Die Koordinatentripel der Punkte $P_{1.0}$ und $P_{2.0}$ im u', v', w'-System seien also zum Beispiel als Näherungskoordinaten a priori in die Ausgleichung eines räumlichen geodätischen Systems eingeführt. Die zu den Punkten P_1 und P_2 gehörigen Koordinatentripel dagegen kennzeichnen die wahre Lage dieser geodätischen Stationen im Raum, die man durch die Beobachtungen und die Ausgleichung möglichst genau zu ermitteln sucht. Abb. 7 stellt ein sphärisches Abbild der geschilderten Situation im u', v', w'-System dar.

Um von einem möglichst allgemeinen Standpunkt auszugehen, nehmen wir an, das geodätische System sei nach den Methoden der Raumtriangulation aufgebaut, dann werden alle 3 Koordinaten der einzelnen Punkte gleichzeitig bestimmt und dementsprechend auch in die Ausgleichung eingeführt. Eine Trennung der geodätischen Beobachtungen und der Koordinaten nach Grundriß und Aufriß, je nachdem, ob sie in die Horizontale oder in die Vertikale projiziert und entsprechend reduziert wurden, sei nicht vorgenommen worden.

In etwa 10 bis 50 m Entfernung von den Punkten $P_{i.0}$ liegen also die unbekannten Beobachtungsstationen P_i, von denen aus der Satellit S simultan beobachtet werde.

Doch sollen für die Bahn des Satelliten und die Lage der Punkte P_i noch gewisse Einschränkungen gemacht werden; die Punkte P_i sollen nämlich in möglichst guter Annäherung in der Bahnebene des Satelliten liegen, ihr jeweiliger Abstand von der momentanen

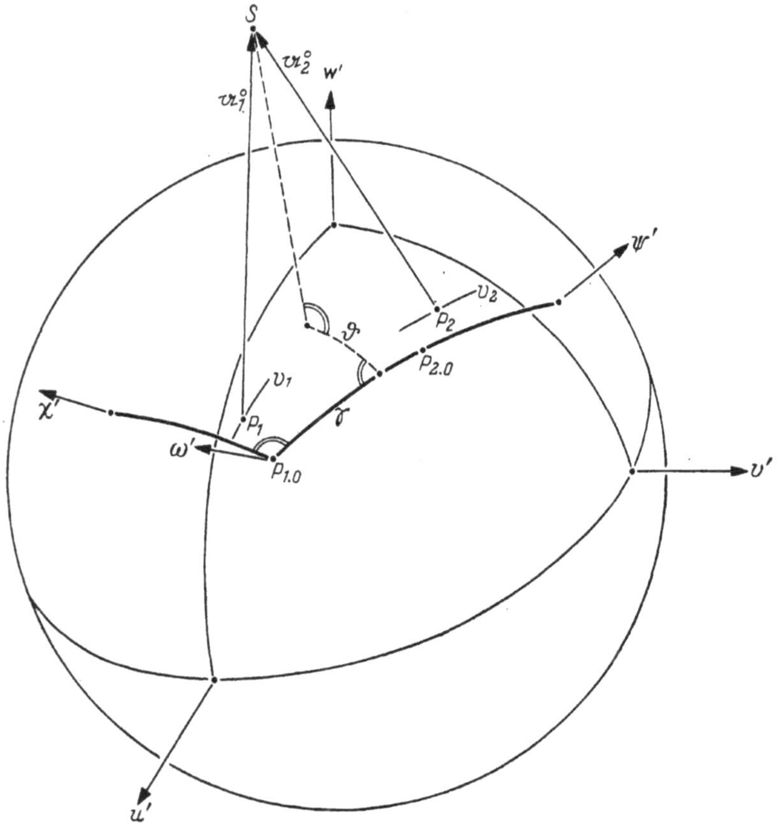

Abb. 7

Satellitenbahnebene sei nicht größer als wenige Kilometer. Damit sind auch die Abstände der beiden Punkte $P_{1.0}$ und $P_{2.0}$ von der Schmiegungsebene des Satelliten von der gleichen Größenordnung.

Wir können diese Bedingung auch dahingehend formulieren, daß der Satellit sich nur um wenige Kilometer von der durch die Punkte $P_{i.0}$ gebildeten ω, ψ-Ebene entfernt.

Der Grund, warum die Punkte P_i und $P_{i.0}$ nicht weiter von der Satellitenebene entfernt sein sollen, wird später noch eingehend zu diskutieren sein, jedenfalls ist diese Voraussetzung grundlegend für die Brauchbarkeit der Methode.

Mindestens einer der beiden Beobachtungspunkte wird daher eine Feldstation sein müssen, während der andere gegebenenfalls in einer Sternwarte oder einer stationären Satellitenbeobachtungsstation liegen kann.

Unter dieser einschränkenden Voraussetzung bewegt sich der Satellit für einen Beobachter im Punkte P_i in hoher Annäherung in einer Vertikalebene. In dem Zeitraum, während dem der Satellit von beiden Punkten aus gleichzeitig sichtbar ist, werde er simultan durch photographische Mittel relativ zu den Sternen beobachtet. Eine Serie rasch hintereinander folgender Aufnahmen wird empfehlenswert sein. Jede Platte gestattet die Bestimmung mehrerer Satellitenpositionen relativ zu den Sternen nach Rektaszension und Deklination, d. h. mehrerer projizierender Vektoren

$$\mathfrak{a}^{\circ}_{1.k}; \quad \mathfrak{a}^{\circ}_{2.k}, \quad k = 1, 2, 3 \ldots .$$

Trägt man die Einheitsvektoren $\mathfrak{a}^{\circ}_{i.k}$ an die zugehörigen Satellitenpositionen

$$\mathfrak{x}_{S.k} = \begin{pmatrix} X_{S.k} \\ Y_{S.k} \\ Z_{S.k} \end{pmatrix}; \quad k = 1, 2, 3, \ldots$$

im dreidimensionalen Raum an, so durchstoßen sie in der rückwärtigen Verlängerung die Erdoberfläche in den Punkten

$$P_{1.k} \text{ und } P_{2.k}; \quad k = 1, 2, 3 \ldots,$$

die sich von den Punkten P_1 und P_2 nur um die Einflüsse der zufälligen und systematischen Beobachtungsfehler unterscheiden.

Wir können diese Projektionen $P_{i.k}$ der räumlichen Satellitenpositionen auf die Erdoberfläche auch von einem anderen Gesichtspunkt betrachten. Durch den Prozeß der photographischen Aufnahme wird nämlich ein Bogenelement der Satellitenbahn, sei es nun ein solches der räumlichen Bahn oder seines topozentrischen Abbildes an der Himmelskugel, in ein Bogenelement auf der Erdoberfläche und, um bei einfacheren Bedingungen zu bleiben, in je ein durch die Punkte P_1 bzw. P_2 verlaufendes Kreisbogenstück auf den zu O' konzentrischen Kugeln mit den Radien R_1' bzw. R_2' abgebildet.

Ist M der Winkel, den die Satellitenbahn auf der photographischen Platte mit dem Stundenkreis einschließt, ist M also der Positionswinkel der Satellitenbahn am Himmel, und bilden wir diese Geometrie auf die genannten Kugeln mit den Radien R_1' und R_2' ab, so bilden dort die projizierten Bogenelemente der Satellitenbahn mit der Rotationsachse oder mit der Nordrichtung den Winkel A. Die Transformationsgleichung zwischen M und A lautet [1]:

$$\operatorname{cotg} A \cong \frac{\operatorname{cotg} M \cos(\tau_a + \lambda) + \sin\beta_a \sin(\tau_a + \lambda)}{\operatorname{cotg} M \sin\varphi \sin(\tau_a + \lambda) - \sin\varphi \sin\beta_a \cos(\tau_a + \lambda) - \cos\varphi \cos\beta_a}. \tag{36}$$

β_a und $\tau_a = -\lambda_a$ sind die sphärischen Polarkoordinaten von $\mathfrak{a}^{\circ}$ im u, v, w-System.

$$\mathfrak{a}^{\circ} = \begin{pmatrix} u_a \\ v_a \\ w_a \end{pmatrix} = \begin{pmatrix} \cos\beta_a \ \cos\tau_a \\ -\cos\beta_a \ \sin\tau_a \\ \sin\beta_a \end{pmatrix}.$$

φ und λ sind die geographischen Koordinaten der Punkte $P_{i.0}$. Gleichung (36) gilt eigentlich nur für ein zum Erdschwerpunkt konzentrisches System, z. B. das der Koordinaten u, v, w. Der Ursprung O' des u', v', w'-Systems ist aber um kaum mehr als 100 m vom Schwerpunkt der Erde entfernt, was in φ und λ Änderungen von nur $\frac{1}{60\,000}$ bewirkt. Gleichung (36) wird daher den Winkel A im allgemeinen innerhalb von Gliedern der Größenordnung 10^{-3} bis 10^{-4} zuverlässig ergeben, was für unsere Zwecke vollkommen genügend ist.

Die Positionslinien v_i der Punkte P_i sind also um den Azimutwinkel A_i gegen die Nordrichtung verschwenkt. Für das Folgende ist es aber wichtig, zu wissen, welchen Winkel sie mit der ω', ψ'-Ebene bilden, hatten wir doch vorausgesetzt, der Punkt P_i liege der momentanen Schmiegungsebene des Satelliten sehr nahe.

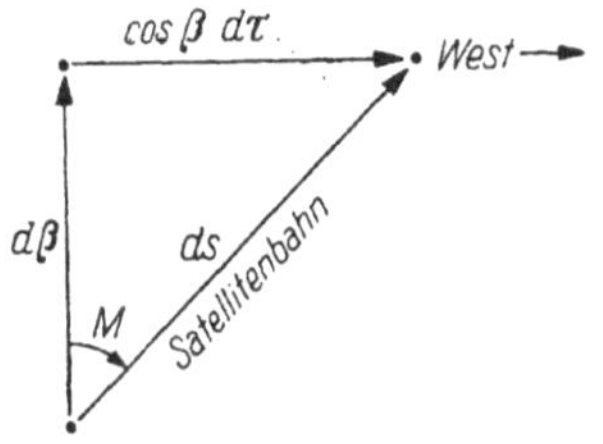

Abb. 8

Für die Darstellung der Projektion der Satellitenbahn auf die Kugel R_1' und R_2' fassen wir die räumliche Position des Satelliten $\overrightarrow{OS}$ als Funktion der Zeit t auf, $\overrightarrow{OS} = \overrightarrow{OS(t)}$, ebenso wie die Position der Punkte P_1 und P_2 auf der Erdoberfläche, $\overrightarrow{OP_i} = \overrightarrow{OP_i(t)}$, und die Entfernung des Satelliten S von den projizierten Punkten P_1 bzw. P_2, $\varepsilon_i = \varepsilon_i(t)$.

Es genügt für unsere Zwecke, im Winkel A Glieder von der Größenordnung 10^{-3} bis 10^{-4} unberücksichtigt zu lassen und diese Untersuchungen über die Parallelität der Linienelemente v_1 und v_2 mit der ω', ψ'-Ebene im geozentrischen System durchzuführen, also von der ω, ψ-Ebene auszugehen; denn der Grad der Parallelität interessiert nur größenordnungsmäßig.

Haben wir also den Vektor $\mathfrak{a}°$ beobachtet, so müssen wir den Vektor $-\varepsilon\, \mathfrak{a}°$ von der momentanen Position des Satelliten zur Zeit t aus abtragen, um zum Punkt P auf der Erdoberfläche zu kommen. Benutzen wir aber für den Ortsvektor $\overrightarrow{OS}$ einen durch den Zeitfehler dt verfälschten Wert, so wird zwar nicht der beobachtete Vektor $\mathfrak{a}^0$, wohl aber der Ortsvektor des Beobachtungspunktes $\overrightarrow{OP}$ ebenfalls durch dt beeinflußt. Dies läßt sich durch folgende Vektorgleichung formulieren:

$$\overrightarrow{OP(t)} = \overrightarrow{OS(t)} - \varepsilon(t)\, \mathfrak{a}° \, . \tag{37}$$

Führen wir im ω, ψ, χ-System räumliche Polarkoordinaten ϑ, γ ein, wobei γ die in der ω, ψ-Ebene gemessene Länge bezeichnet und ϑ die sphärische Distanz von dieser Ebene — also gewissermaßen die Breite — ist, so zeigt die Differentiation von (37) nach der Zeit diese Beziehung:

$$\frac{\partial}{\partial\vartheta} \overrightarrow{OP} \cdot \vartheta_P^{\bullet} + \frac{\partial}{\partial\gamma} \overrightarrow{OP}\, \gamma_P^{\bullet} + \mathfrak{a}°\varepsilon^{\bullet} = \frac{\partial}{\partial t} \overrightarrow{OS} \, . \tag{38}$$

Der hochgesetzte Punkt-Index bedeute die Differentiation nach der Zeit t.

Für die Komponenten der Vektoren $\overrightarrow{OP}$, $\overrightarrow{OS}$ und $\mathfrak{a}°$ gilt im ω, ψ, χ-System

$$\overrightarrow{OP} = \begin{pmatrix} \omega_P \\ \psi_P \\ \chi_P \end{pmatrix} = \varrho_P \begin{pmatrix} \cos\vartheta_P & \cos\gamma_P \\ \cos\vartheta_P & \sin\gamma_P \\ \sin\vartheta_P & \end{pmatrix} , \tag{39}$$

$$\overrightarrow{OS} = \begin{pmatrix} \omega_S \\ \psi_S \\ \chi_S \end{pmatrix} = \varrho_S \begin{pmatrix} \cos\vartheta_S & \cos\gamma_S \\ \cos\vartheta_S & \sin\gamma_S \\ \sin\vartheta_S & \end{pmatrix} , \tag{40}$$

$$\mathfrak{a}° = \begin{pmatrix} \omega_a \\ \psi_a \\ \chi_a \end{pmatrix} . \tag{41}$$

Führen wir noch die Abkürzungen

$$\frac{\partial}{\partial\vartheta} \overrightarrow{OP} = \begin{pmatrix} \omega_d \\ \psi_d \\ \chi_d \end{pmatrix} ; \qquad \frac{\partial}{\partial\gamma} \overrightarrow{OP} = \begin{pmatrix} \omega_g \\ \psi_g \\ \chi_g \end{pmatrix} ; \qquad \frac{\partial}{\partial t} \overrightarrow{OS} = \begin{pmatrix} \omega_t \\ \psi_t \\ \chi_t \end{pmatrix}$$

ein, so erhalten wir das Gleichungssystem

$$\begin{pmatrix} \omega_d \\ \psi_d \\ \chi_d \end{pmatrix} \vartheta_P^{\bullet} + \begin{pmatrix} \omega_g \\ \psi_g \\ \chi_g \end{pmatrix} \gamma_P^{\bullet} + \begin{pmatrix} \omega_a \\ \psi_a \\ \chi_a \end{pmatrix} \varepsilon^{\bullet} = \begin{pmatrix} \omega_t \\ \psi_t \\ \chi_t \end{pmatrix} . \tag{42}$$

Der Beobachtungspunkt P liege in der ω-Achse, es ist also $\vartheta_P = \gamma_P = 0$; denn wir hatten dieses ja für den Näherungspunkt $P_{1.0}$ vorausgesetzt. Damit werden die einzelnen Komponenten der Vektorgleichung (42)

$$\begin{pmatrix}\omega_d\\ \psi_d\\ \chi_d\end{pmatrix} = \varrho_P \begin{pmatrix}0\\0\\1\end{pmatrix},$$

$$\begin{pmatrix}\omega_g\\ \psi_g\\ \chi_g\end{pmatrix} = \varrho_P \begin{pmatrix}0\\1\\0\end{pmatrix},$$

$$\begin{pmatrix}\omega_t\\ \psi_t\\ \chi_t\end{pmatrix} = \overset{\bullet}{\varrho}_S \begin{pmatrix}\cos\vartheta_S & \cos\gamma_S\\ \cos\vartheta_S & \sin\gamma_S\\ \sin\vartheta_S & \end{pmatrix} + \varrho_S \overset{\bullet}{\vartheta}_S \begin{pmatrix}-\sin\vartheta_S & \cos\gamma_S\\ -\sin\vartheta_S & \sin\gamma_S\\ \cos\vartheta_S & \end{pmatrix} + \varrho_S \overset{\bullet}{\gamma}_S \begin{pmatrix}-\cos\vartheta_S & \sin\gamma_S\\ \cos\vartheta_S & \cos\gamma_S\\ 0 & \end{pmatrix},$$

$$\begin{pmatrix}\omega_a\\ \psi_a\\ \chi_a\end{pmatrix} = -\frac{\varrho_P}{\varepsilon}\begin{pmatrix}1\\0\\0\end{pmatrix} + \frac{\varrho_S}{\varepsilon}\begin{pmatrix}\cos\vartheta_S & \cos\gamma_S\\ \cos\vartheta_S & \sin\gamma_S\\ \sin\vartheta_S & \end{pmatrix}.$$

Löst man (42) nach Determinanten auf, so folgt für das Verhältnis von $\overset{\bullet}{\vartheta}_P$ zu $\overset{\bullet}{\gamma}_P$

$$\frac{\overset{\bullet}{\vartheta}_P}{\overset{\bullet}{\gamma}_P} = \frac{\begin{vmatrix}\omega_t & \omega_g & \omega_a\\ \psi_t & \psi_g & \psi_a\\ \chi_t & \chi_g & \chi_a\end{vmatrix}}{\begin{vmatrix}\omega_d & \omega_t & \omega_a\\ \psi_d & \psi_t & \psi_a\\ \chi_d & \chi_t & \chi_a\end{vmatrix}}.$$

In genügender Annäherung können wir auch $\cos\vartheta_S \cong 1$ setzen, entsprechend den oben formulierten Voraussetzungen. Dann folgt für das Azimut der Positionslinie v_i auf der geozentrischen Kugel R_i die Beziehung

$$\frac{\overset{\bullet}{\vartheta}_P}{\overset{\bullet}{\gamma}_P} = \frac{\sin\vartheta_S \sin\gamma_S + \dfrac{\overset{\bullet}{\vartheta}_S}{\overset{\bullet}{\gamma}_S}\left(\cos\gamma_S - \dfrac{\varrho_P}{\varrho_S}\right) - \dfrac{\overset{\bullet}{\varrho}_S}{\overset{\bullet}{\gamma}_S}\dfrac{\varrho_P}{\varrho_S^2}\sin\vartheta_S}{1 - \dfrac{\varrho_P}{\varrho_S}\cos\gamma_S - \dfrac{\overset{\bullet}{\vartheta}_S}{\overset{\bullet}{\gamma}_S}\dfrac{\varrho_P}{\varrho_S}\sin\vartheta_S\sin\gamma_S - \dfrac{\overset{\bullet}{\varrho}_S}{\overset{\bullet}{\gamma}_S}\dfrac{\varrho_P}{\varrho_S^2}\sin\gamma_S}. \tag{43}$$

Nun ist von den in (43) erscheinenden Gliedern

$$\frac{\overset{\bullet}{\vartheta}_S}{\overset{\bullet}{\gamma}_S} = \frac{10\ \mathrm{km}}{S_{\mathrm{km}}},$$

wenn S die Entfernung zwischen den beiden Punkten $P_{1.0}$ und $P_{2.0}$ ist und die beiden Beobachtungstationen P_1 und P_2 nicht mehr als etwa ± 10 km von der momentanen Schmiegungsebene der Satellitenbahn entfernt sind.

Mit $S \cong 2000$ km ergibt sich

$$\frac{\overset{\bullet}{\vartheta}_S}{\overset{\bullet}{\gamma}_S} \cong 0{,}5 \cdot 10^{-2}.$$

Der andere in (43) erscheinende Quotient von Differentialquotienten läßt sich folgendermaßen entwickeln

$$\frac{\overset{\bullet}{\varrho}_S}{\varrho_S\,\overset{\bullet}{\gamma}_S} = \frac{d\varrho_S}{\varrho_S\,d\gamma_S}$$

und ist damit von der Größenordnung der Exzentrizität der Bahnellipse, also immer wesentlich kleiner als 1. Deshalb wird das dritte Glied im Zähler von (43) immer wesentlich kleiner als $\sin\vartheta_S$ sein.

Für die Breite des Satelliten gilt $\vartheta_S = \chi_S/\varrho_S$. ϑ_S ist also wegen der einschränkenden Voraussetzungen über die relative Lage der Satellitenbahn zu der ω, ψ-Ebene immer sehr klein und von der Größenordnung 10^{-2}.

Wie somit aus der Diskussion der Gleichung (43) folgt, können die Positionslinien v_1 und v_2 auf den Kugeln R_1' und R_2' innerhalb von Gliedern der Größenordnung 10^{-2} als parallel zu der ω', ψ'-Ebene betrachtet werden, wenn die erwähnten Voraussetzungen eingehalten werden und solange die Erde als nicht rotierend angesehen wird.

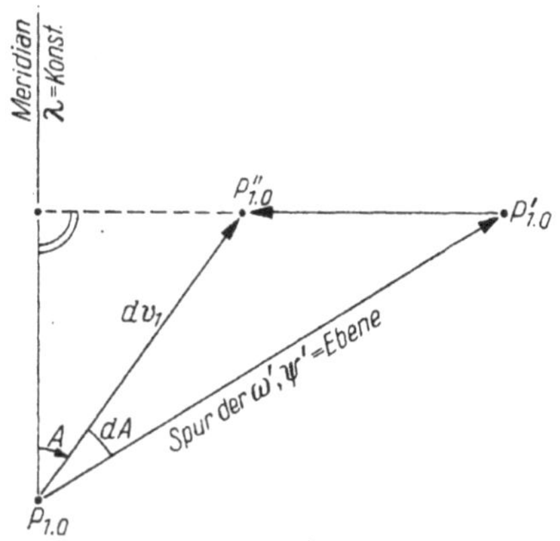

Abb. 9

Wir wissen also nunmehr, daß unter den festgesetzten Voraussetzungen bei nichtrotierender Erde die Projektion des Satelliten auf die Kugeln R_1' bzw. R_2' durch einen Fehler in der Zeitnahme praktisch parallel zur ω', ψ'-Ebene verschoben wird.

Doch darf die Rotationsbewegung der Erde nicht unberücksichtigt bleiben, handelt es sich doch hier um einen Wert von der Größenordnung 10^{-1} im Vergleich zur Rotationsbewegung des Satelliten um die Erde. Es bleibt also übrig, den Einfluß der Winkelgeschwindigkeit der Erde auf das Azimut der Positionslinie v zu untersuchen.

Bei nichtrotierender Erde wird der Punkt P in Abb. 9 durch einen positiven Zeitfehler nach P' verschoben werden. Die Rotation der Erde veranlaßt aber eine weitere Punktverschiebung und läßt ihn in P'' erscheinen, um

$$P'\,P'' = 460 \cdot \cos\varphi \cdot dt \;\; \text{m/sec} \tag{44}$$

nach Westen verschoben. Das Azimut der Positionslinie unterscheidet sich vermittels dieser Verschiebung von dem der Spur des ω, ψ-Ebene und wird um dA verändert.

$$dA = \frac{P'\,P''}{P\,P'} \cdot \cos A\,. \tag{45}$$

Nachdem wir $P'\,P''$ gemäß (44) kennen, greifen wir zur Ermittlung von $P\,P'$ auf die Gleichung (42) zurück.

$$P\,P' = \varrho_P \sqrt{(\dot{\gamma}_P)^2 + (\dot{\vartheta}_P)^2}\, dt \cong \varrho_P \cdot \dot{\gamma}_P\, dt\,. \tag{46}$$

Aus Gleichung (42) ergibt die Determinantenauflösung

$$\dot{\gamma}_P = \frac{\begin{vmatrix} \omega_d & \omega_t & \omega_a \\ \psi_d & \psi_t & \psi_a \\ \chi_d & \chi_t & \chi_a \end{vmatrix}}{\begin{vmatrix} \omega_d & \omega_g & \omega_a \\ \psi_d & \psi_g & \psi_a \\ \chi_d & \chi_g & \chi_a \end{vmatrix}}\,.$$

Wir lösen die Determinanten auf und finden

$$\dot{\gamma}_P = \frac{\dot{\gamma}_S\, \varrho_S\, [\varrho_S \cos^2\vartheta_S - \varrho_P \cos\vartheta_S \cos\gamma_S] + \dot{\vartheta}_S\, \varrho_P\, \varrho_S \sin\vartheta_S \sin\gamma_S - \dot{\varrho}_S\, \varrho_P \cos\vartheta_S \sin\gamma_S}{\varrho_P\, [-\varrho_P + \varrho_S \cos\vartheta_S \cos\gamma_S]}\,.$$

Das Verhältnis

$$\frac{\dot{\vartheta}_S}{\dot{\gamma}_S} \sin\vartheta_S$$

ist nach den in Verbindung mit Gleichung (43) untersuchten Ausdrücken von der Größenordnung 10^{-5} und kann daher vernachlässigt werden. Setzen wir auch wieder in ausreichender Annäherung $\cos \vartheta_S \cong 1$, dann haben wir für die zeitliche Veränderung von γ_P bei nichtrotierender Erde

$$\dot{\gamma}_P = \frac{\dot{\gamma}_S\,[\varrho_S^2 - \varrho_S\,\varrho_P \cos\gamma_S] - \dot{\varrho}_S\,\varrho_P \sin\gamma_S}{-\varrho_P^2 + \varrho_P\,\varrho_S \cos\gamma_S}\,. \tag{47}$$

Die Gleichungen (45), (46), (47) ergeben den Winkel dA zwischen der nach (36) ermittelten Positionslinie und der ω', ψ'-Ebene.

Mit den Daten

$$\varrho_S = 7370\,\text{km}; \qquad \varrho_P = 6370\,\text{km},$$

$$\gamma_S = 0°,\ 5°,\ 10°,\ 15°,\ 20°$$

ergibt sich folgende Serie von Werten für $\varrho_P \cdot \dot{\gamma}_P$:

$$1{,}0\times;\ 1{,}0\times;\ 1{,}1\times;\ 1{,}4\times;\ 2{,}1\times\ \varrho_S\,\dot{\gamma}_S\,.$$

Bei praktischen Anwendungen werden daher die Werte $\varrho_P\,\dot{\gamma}_P$ zwischen $7000\,\text{m sec}^{-1}$ und etwa $16000\,\text{m sec}^{-1}$ liegen, und wir können setzen

$$dA \cong \varkappa \cdot \cos\varphi \cos A \tag{48}$$

mit $0{,}06 > \varkappa > 0{,}03$.

Bei $\varphi = 50°$ und $A = 60°$ ist somit dA etwa gleich 0,01 bis 0,02.

Der nach (36) zu findende Positionswinkel A auf der Erde ist also innerhalb von $\varkappa \cdot \cos\varphi \cos A$ parallel zur ω', ψ'- bzw. ω, ψ-Ebene.

Die Gleichung (36) gibt übrigens den in das Azimut A auf der Erde projizierten Positionswinkel M des Satelliten an der Himmelskugel unter Einschluß des Einflusses der Rotationsbewegung der Erde wieder, was in diesem Zusammenhang besonders betont sein soll. Das Linienelement der Satellitenbahn an der Himmelskugel nach Abb. 8 wird ja dadurch auf die Erdoberfläche abgebildet, daß man jene Ebene definiert, die gebildet wird sowohl durch die Position des Satelliten im Raum als auch durch ein Linienelement der Satellitenbahn an der Himmelskugel, und daß man dann diese Ebene mit der Erdoberfläche zum Schnitt bringt. Die genannte Projektion des Satelliten an die Himmelskugel wird aber sowohl durch die Bewegung des Satelliten in seiner Bahn als auch durch die tägliche Bewegung der Gestirne bestimmt. Die Positionswinkel M bzw. A an der Himmelskugel bzw. an der horizontal gedachten Erde sind also schon beide von der Rotationsbewegung der Erde beeinflußt, und Gleichung (36) bedarf folglich keiner entsprechenden Erweiterung.

*

Nun ergibt sich relativ einfach aus Gleichung (1) eine mittels Satellitenbeobachtungen abzuleitende Beziehung zwischen den geodätischen Koordinaten der Beobachtungsstationen P_1 und P_2. Es gelingt somit, für das Triangulationssystem eine Art „Satellitenbedingung" oder „Satellitengleichung" aufzustellen.

Im ω, ψ, χ-System haben wir für die Vektoren $\mathfrak{x}_S$, $\mathfrak{a}_1^\circ$ und $\mathfrak{a}_2^\circ$

$$\mathfrak{x}_S = \begin{pmatrix}\omega_S\\ \psi_S\\ \chi_S\end{pmatrix}; \qquad \mathfrak{a}_1^\circ = \begin{pmatrix}\omega_{a.1}\\ \psi_{a.1}\\ \chi_{a.1}\end{pmatrix}; \qquad \mathfrak{a}_2^\circ = \begin{pmatrix}\omega_{a.2}\\ \psi_{a.2}\\ \chi_{a.2}\end{pmatrix}.$$

Die Vektoren $\mathfrak{x}_{P_1}$ und $\mathfrak{x}_{P_2}$ seien sowohl im ω, ψ, χ-System als auch in den wegen der geodätischen Belange stärker interessierenden ω', ψ', χ'-Koordinaten dargestellt.

$$\mathfrak{x}_{P_i} = \begin{pmatrix}\omega_{P_i}\\ \psi_{P_i}\\ \chi_{P_i}\end{pmatrix} = \begin{pmatrix}\omega'_{P_i}\\ \psi'_{P_i}\\ \chi'_{P_i}\end{pmatrix} + \begin{pmatrix}\Delta\omega\\ \Delta\psi\\ \Delta\chi\end{pmatrix}.$$

Damit wird die Gleichung (1) für den Punkt P_1

$$\left.\begin{aligned} \omega'_{P_1} + \Delta\omega &= \omega_S - \varepsilon_1 \cdot \omega_{a.1} \\ \psi'_{P_1} + \Delta\psi &= \psi_S - \varepsilon_1 \cdot \psi_{a.1} \\ \chi'_{P_1} + \Delta\chi &= \chi_S - \varepsilon_1 \cdot \chi_{a.1} \end{aligned}\right\} \qquad (49)$$

und für den Punkt P_2

$$\left.\begin{aligned} \omega'_{P_2} + \Delta\omega &= \omega_S - \varepsilon_2 \cdot \omega_{a.2} \\ \psi'_{P_2} + \Delta\psi &= \psi_S - \varepsilon_2 \cdot \psi_{a.2} \\ \chi'_{P_2} + \Delta\chi &= \chi_S - \varepsilon_2 \cdot \chi_{a.2}. \end{aligned}\right\} \qquad (50)$$

Weil der Satellit von den beiden Stationen P_1 und P_2 aus gleichzeitig beobachtet wird' empfiehlt es sich, die Differenz der beiden letzten Gleichungen der Systeme (49) und (50) zu bilden.

$$\boxed{\chi'_{P_1} - \chi'_{P_2} = -\varepsilon_1 \chi_{a.1} + \varepsilon_2 \chi_{a.2}} \qquad (51)$$

Die χ-Koordinate des Satelliten fällt bei dieser Differenzbildung heraus, ebenso wie die Systemverschiebung $\Delta\chi$. Für die zeitlich variable Position des Satelliten dürfte es sich empfehlen, die Ephemeridenzeit zu benutzen, während die ebenfalls von der Zeit abhängige Position des Beobachtungspunktes im Raum naturgemäß besser als Funktion der astronomischen Zeit zu beschreiben sein wird. Die Umrechnungen von Ephemeridenzeit in astronomische Zeit erfolgen mit den bekannten Beziehungen. Bei Simultanbeobachtungen dürften diese Unterschiede allerdings wenig von Bedeutung sein.

In Gleichung (51) sind die $\chi_{a.i}$ durch die photographische Beobachtung des Satelliten genauestens bekannt; denn aus der topozentrischen Rektaszension und Deklination des Satelliten erhalten wir den Vektor $\mathfrak{a}_i^\circ$ im X, Y, Z-System.

$$\mathfrak{a}_i^\circ = \begin{pmatrix} X_{a.i} \\ Y_{a.i} \\ Z_{a.i} \end{pmatrix}, \qquad i = 1, 2\,. \qquad (52)$$

Dieser läßt sich mittels der orthonormalen Matrizen M, W^{-1}, S in das hier benutzte ω, ψ, χ-System transformieren.

$$\begin{pmatrix} \omega_{a.i} \\ \psi_{a.i} \\ \chi_{a.i} \end{pmatrix} = S \cdot W^{-1} \cdot M \cdot \begin{pmatrix} X_{a.i} \\ Y_{a.i} \\ Z_{a.i} \end{pmatrix}. \qquad (53)$$

ε_i errechnen wir bei Kenntnis des mittleren Erdellipsoids (a, b) nach Gleichung (7). In manchen Fällen wird man freilich von einem Referenzellipsoid (a', b') ausgehen und die Gleichungen (34), (35) benutzen, unter Verwendung einer möglichst genauen Ephemeride des Satelliten und unter Einführung von zuverlässigen Werten für die Systemverschiebungen ΔX, ΔY, ΔZ. Wegen der Ungenauigkeiten in den Vektoren $\mathfrak{x}_S$ und $\Delta\mathfrak{x}$ müssen wir abschätzen, mit welcher Genauigkeit die Größen ε in die Gleichung (51) einzuführen sind.

Bei diesen Fehlerbetrachtungen geht es nur um die Abschätzung der Größenordnung der Fehler, weshalb wir in ausreichender Annäherung $a' = b'$ setzen und so der Einfachheit halber eine Kugel zugrunde legen können. So folgt mit (34) und (35)

$$\left.\begin{aligned} 2\,\varepsilon\, d\varepsilon - 2\,(\mathfrak{x}_S - \delta\mathfrak{x})\,\mathfrak{a}^\circ\, d\varepsilon - 2\,\varepsilon\,\mathfrak{a}^\circ\, d\mathfrak{x}_S + 2\,\mathfrak{x}_S\, d\mathfrak{x}_S &= 0\,, \\ d\varepsilon\,[\varepsilon - (\mathfrak{x}_S - \delta\mathfrak{x})\,\mathfrak{a}^\circ] - [\varepsilon\,\mathfrak{a}^\circ - \mathfrak{x}_S]\, d\mathfrak{x}_S &= 0\,, \\ d\varepsilon = \frac{\mathfrak{x}_P \cdot d\mathfrak{x}_S}{\mathfrak{x}_P \cdot \mathfrak{a}^\circ}\,. \end{aligned}\right\} \qquad (54)$$

Der Nenner dieser Gleichung ist

$$\mathfrak{x}_P \cdot \mathfrak{a}^\circ = \varrho_P \cos \bar{\zeta}_P \,,$$

wenn $\bar{\zeta}_P$ die Zenitdistanz des Satelliten im Beobachtungspunkt P ist. Also

$$d\varepsilon = \frac{1}{\varrho_P \cos \bar{\zeta}_P} \mathfrak{x}_P \cdot d\mathfrak{x}_S \,. \tag{55}$$

Der Fehlerausdruck für die rechte Seite von (51) wird somit im Ω, Ψ, χ-System, wenn wir den Index P_i der Einfachheit halber durch den Index i ersetzen,

$$\begin{aligned} &- \frac{\chi_{a.1}}{\varrho_1 \cos \bar{\zeta}_1} [\Omega_1 \, d\Omega_S + \Psi_1 \, d\Psi_S + \chi_1 \, d\chi_S] + \\ &+ \frac{\chi_{a.2}}{\varrho_2 \cos \bar{\zeta}_2} [\Omega_2 \, d\Omega_S + \Psi_2 \, d\Psi_S + \chi_2 \, d\chi_S] \,. \end{aligned} \tag{56}$$

Bei $\varepsilon_1 = \varepsilon_2 = 2000$ km und einer Satellitenhöhe von 1000 km ist in den Koeffizienten dieser Gleichung genähert zu setzen

$$\left[\frac{\Omega}{\varrho}\right]_i \cong 1 \,; \qquad \left[\frac{\Psi}{\varrho}\right]_i \cong 0{,}25 \,; \qquad \left[\frac{\chi}{\varrho}\right]_i \cong 0 \,;$$

$$\bar{\zeta}_i \cong 68^\circ \,; \qquad \cos \bar{\zeta}_i \cong 0{,}38 \,; \qquad \chi_{a.i} \cong \frac{1}{200} \,.$$

Damit erhalten wir für die Glieder der Gleichung (56) folgende Größenordnungen

$$0{,}01 \, d\Omega_S \,; \qquad 0{,}003 \, d\Psi_S \,; \qquad 0 \, d\chi_S \,. \tag{57}$$

Mit $d\Omega_S = d\Psi_S = d\chi_S = 100$ Meter folgen

$$1 \text{ m} \,; \qquad 0{,}3 \text{ m} \,; \qquad 0 \,.$$

Befindet sich der Satellit während der Beobachtung nur um 3 km von der ω, ψ- bzw. ω', ψ'-Ebene entfernt, so wird $\chi_{a.i} \cong \frac{1}{600}$, und die einzelnen Fehlerglieder ergeben nur

$$0{,}4 \text{ m} \,; \qquad 0{,}1 \text{ m} \,; \qquad 0 \,. \tag{58}$$

Wird also ε aus der quadratischen Gleichung (34) bestimmt, so spielt bei der Fehlertheorie der ,,Satellitengleichung'' vor allem die vertikale Fehlerkomponente in der Position des Satelliten eine Rolle, ebenso wie die gleichgerichtete Fehlerkomponente in der Systemverschiebung $\Delta\Omega$ für den Übergang vom geozentrischen zum geodätischen System. Wie oben gezeigt wurde, läßt sich dieser Fehleranteil bei geeigneter Anordnung der Beobachtungsstationen relativ zur Satellitenbahn unterdrücken.

Bei symmetrischer Anordnung der Punkte P_1 und P_2 relativ zur momentanen Position des Satelliten, wenn also der Satellit sich etwa halbwegs zwischen den Beobachtungsstationen befindet, dann ist

$$\varepsilon_1 \cong \varepsilon_2 \,; \qquad \bar{\zeta}_1 \cong \bar{\zeta}_2 \,; \qquad \Omega_1 \cong \Omega_2 \,, \qquad \Psi_1 \cong -\Psi_2$$

und der Einfluß des ersten Gliedes in (58) wird getilgt;

$$\frac{1}{\varrho} \left[-\frac{\chi_{a.1}}{\cos \bar{\zeta}_1} \Omega_1 + \frac{\chi_{a.2}}{\cos \bar{\zeta}_2} \Omega_2 \right] d\Omega_S \to 0 \,; \tag{59}$$

denn wegen $\chi_{a.i} \cong \chi_S/\varepsilon_i$ verschwindet dann der obige Klammerausdruck.

Es kann auch zweckmäßig sein, die Strecken ε_i aus den Positionen des Satelliten und den Näherungspositionen $P_{i.0}$ der Beobachtungspunkte P_i nach der Formel von PYTHAGORAS zu entwickeln.

$$\varepsilon^2 = (\mathfrak{x}_S - \mathfrak{x})^2 \,.$$

Damit wird die Fehlerformel für die rechte Seite von Gleichung (51)

$$- \frac{\chi_{a.1}}{\varepsilon_1} [(\Omega_S - \Omega_1)(d\Omega_S - d\Omega_1) + (\Psi_S - \Psi_1)(d\Psi_S - d\Psi_1) + (\chi_S - \chi_1)(d\chi_S - d\chi_1)] +$$

$$+ \frac{\chi_{a.2}}{\varepsilon_2} [(\Omega_S - \Omega_2)(d\Omega_S - d\Omega_2) + (\Psi_S - \Psi_2)(d\Psi_S - d\Psi_2) + (\chi_S - \chi_2)(d\chi_S - d\chi_2)] \,. \qquad (60)$$

Wählen wir wieder $\varepsilon = 2000$ km und eine Satellitenhöhe von 1000 km, so wird bei symmetrischer Anordnung:

$$\Omega_S - \Omega_1 = \Omega_S - \Omega_2 = 1200 \text{ km}$$
$$\Psi_S - \Psi_1 = - [\Psi_S - \Psi_2] = 1600 \text{ km}$$
$$\chi_S - \chi_1 = \chi_S - \chi_2 \cong \chi_{a.1} \cdot \varepsilon_1 = \chi_{a.2} \cdot \varepsilon_2 = 10 \text{ km}$$

und die Koeffizienten in der Fehlerformel sind

$$- 0{,}003\,(d\Omega_S - d\Omega_1) - 0{,}004\,(d\Psi_S - d\Psi_1) - 0{,}000\,02\,(d\chi_S - d\chi_1) +$$
$$+ 0{,}003\,(d\Omega_S - d\Omega_2) - 0{,}004\,(d\Psi_S - d\Psi_2) + 0{,}000\,02\,(d\chi_S - d\chi_2) \,. \qquad (61)$$

Diese Art der Berechnung von ε_i aus dem Satz von Pythagoras ist also in bezug auf $d\Omega_S$ günstiger als die Auflösung der quadratischen Gleichung, bei $d\Psi_S$ dagegen sind die Verhältnisse umgekehrt. Bei symmetrischer Anordnung wirkt nur $d\Psi_S$ in der Größe $0{,}008\, d\Psi_S$. Bei $d\Psi_S = 100$ m haben wir also 0,8 m zu erwarten, im Gegensatz dazu ergibt sich bei der Rechnung nach Formel (57) nur 0,6 m.

In der Praxis wird man immer eine nahezu symmetrische Anordnung wählen, man wird sein Augenmerk darum vor allem auf das durch $d\Psi_S$ verursachte Glied richten und zweckmäßigerweise ε aus der quadratischen Gleichung (34), (35) bestimmen.

In der „tangentialen" Komponente des Fehlervektors des Satelliten wird man also mehrere 100 m, bei den anderen beiden Komponenten noch mehr tolerieren können, und die Systemverschiebungen ΔX, ΔY, ΔZ werden sich ebenso wie die große Achse a des mittleren Erdellipsoids genügend genau entsprechend den Erfordernissen wählen lassen, wenn die Beobachtungsstationen einigermaßen symmetrisch zum Satelliten gelegen sind und χ_S genügend klein gehalten wird. Unter diesen Voraussetzungen wird man ε_1 und ε_2 so zuverlässig bestimmen können, daß die Ungenauigkeiten in $\mathfrak{x}_S$, $\Delta\mathfrak{x}$ und a die rechte Seite von Gleichung (51) um weniger als 0,5 m verfälschen werden.

Es gilt nun, der Gleichung (51) die Form einer Verbesserungsgleichung im Sinne der Ausgleichung vermittelnder Beobachtungen zu geben.

Würden in die Ausgleichung die ω', ψ', χ'-Koordinaten eingeführt — bei den modern gewordenen Raumtriangulationen ist es ja üblich, rechtwinklige Koordinaten im Raum zu behandeln —, so ist (51) schon nahezu eine perfekte Fehlergleichung. Es bleibt dann nur noch übrig, Näherungskoordinaten bei den χ'_{P_i} und Verbesserungen zu den zufälligen Variablen $\chi_{a.i}$ hinzuzufügen, nachdem wir die Voraussetzungen betrachtet haben, bei denen die ε_i als fehlerfreie Größen betrachtet werden können.

Die Punkte $P_{1.0}$ und $P_{2.0}$ waren die in der ω', ψ'-Ebene gelegenen Näherungspositionen für die Beobachtungsstationen P_1 und P_2. Sind also

$$\chi'_{P_{2.0}} = \chi'_{P_{1.0}} = 0$$

die Näherungskoordinaten für die χ'-Komponente der Beobachtungspunkte, $v_{\chi_{a.1}}$ und $v_{\chi_{a.2}}$ die als zufällige Variable anzusehenden Verbesserungen der χ-Komponenten der beobachteten Vektoren $\mathfrak{a}_1^\circ$ und $\mathfrak{a}_2^\circ$, so folgt aus Gleichung (51)

$$\bar{v} = - l + \delta_{\chi'_1} - \delta_{\chi'_2} \qquad (62)$$

mit

$$\bar{v} = - \varepsilon_1 v_{\chi_{a.1}} + \varepsilon_2 v_{\chi_{a.2}} \qquad (63)$$

$$l = - \varepsilon_1 \chi_{a.1} + \varepsilon_2 \chi_{a.2} \qquad (64)$$

$$\delta\chi'_1 = \chi'_{P_1} \qquad \delta\chi'_2 = \chi'_{P_2} \,. \qquad (65)$$

Für die Genauigkeit, mit der Gleichung (62) die Differenz der χ'-Koordinaten gibt, ist der mittlere Fehler von l, also der quadratische Mittelwert von $\bar{v}$ fundamental, und dieser bestimmt sich nach dem Fehlerfortpflanzungsgesetz aus den quadratischen Momenten der wahren Fehler der Beobachtungen $\chi_{a.1}$ und $\chi_{a.2}$. Seien $\sigma_{\chi_{a.i}}$ die mittleren Fehler der zufälligen Variablen $\chi_{a.i}$, so gilt bekanntlich für die Dispersion der Größe l

$$\sigma_l^2 = \varepsilon_1^2\,\sigma_{\chi_{a.1}}^2 + \varepsilon_2^2\,\sigma_{\chi_{a.2}}^2\,. \tag{66}$$

$\sigma_{\chi_{a.i}}$ erhalten wir aus den Fehlerdispersionen bei der Ausmessung der photographischen Platten, diese setzen sich zusammen aus der Komponente in Richtung der Bahn des Satelliten σ_{v_i} und der senkrecht dazu σ_{ν_i}. Wir erhalten, wenn wir den Index i fortlassen,

$$\varepsilon \cdot d_{\chi_a'} = dv \cdot \sin dA + d\nu \cdot \cos dA \tag{67}$$

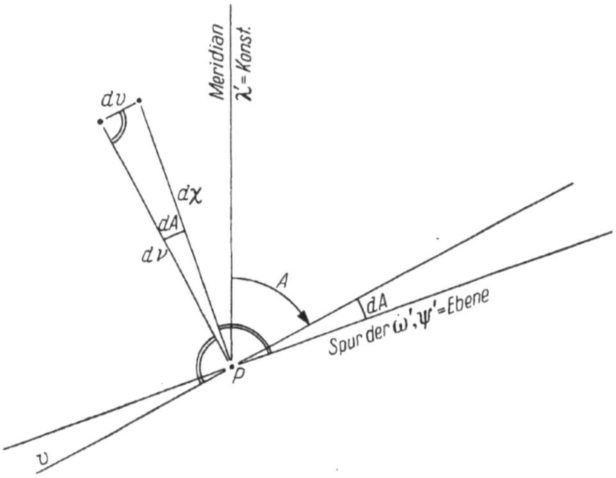

Abb. 10

und mit (48) in guter Annäherung

$$\varepsilon\, d_{\chi_a'} \cong \varkappa \cdot \cos\varphi \cos A \cdot dv + d\nu\,. \tag{68}$$

dv ergibt sich aus dem Fehler in der Zeitnahme dt mit (47) als

$$\varrho_P \cdot \overset{\bullet}{\gamma}_P \cdot dt\,. \tag{69}$$

Mit $dt = 0{,}005$ sec können wir für (69) etwa 35 m annehmen. Für die Genauigkeit bei der Ausmessung der photographischen Platte in der Richtung der Satellitenbahn ist es berechtigt, $\pm 3''$ zu wählen. Die Multiplikation mit $\varepsilon/\cos\bar{\zeta}_S$ gibt bei $\varepsilon = 2000$ km, einer Satellitenhöhe von 1000 km, $\cos\bar{\zeta}_S = 0{,}38$, einen Anteil an dv von 80 m. Damit wird

$$\sigma_v = \pm\sqrt{80^2 + 35^2\,\text{m}} = \pm\, 87\ \text{m}\,. \tag{70}$$

Um die auf die Erdoberfläche projizierten Punkte P_i in der Richtung der Linienelemente v_i besser festzulegen, wird es sich auch empfehlen, die geodätischen Näherungskoordinaten dieser Punkte zu berücksichtigen. Auf diese Weise wird man wohl immer den Wert von dv kleiner als etwa 40 bis 50 m haben.

Was die Abschätzung der Größe von $d\nu$ angeht, so stellen wir zunächst fest, daß Abb. 10 eine affine Abbildung von Abb. 8 ist und daß bei unseren Voraussetzungen die Richtungen der Linienelemente dv und $d\nu$ in Annäherung die Hauptrichtungen dieser Abbildungen sind, also das einzige Paar von Richtungen, das konform transformiert wird. Der maximale Hauptmaßstab war $\varepsilon/\cos\bar{\zeta}_S$, der andere, nämlich der minimale, fällt genähert in die Richtung von $d\nu$ und ist gleich ε.

Von diesem Sachverhalt überzeugen wir uns leicht mit Hilfe der Formel (36) unter Hinzuziehung der Abbildungsgleichung für das Azimut des Positionswinkels $\overline{M} = M \pm 90°$ am Himmel, der in das Azimut $\bar{A}$ auf der Erde abgebildet wird [1];

$$\operatorname{cotg} \bar{A} = \frac{\operatorname{tg} M \cos(\tau_a + \lambda) - \sin\beta_a \sin(\tau_a + \lambda)}{\operatorname{tg} M \sin\varphi \sin(\tau_a + \lambda) + \sin\varphi \sin\beta_a \cos(\tau_a + \lambda) + \cos\varphi \cos\beta_a} . \tag{71}$$

Beziehen wir diese Formeln für unsere Zwecke aber nicht auf das X, Y, Z- bzw. u, v, w-System, sondern transformieren wir die sphärischen Polarkoordinaten τ_a, β_a bzw. φ, λ des Vektors $\mathfrak{a}°$ bzw. $\mathfrak{x}_P$ statt dessen in das ω, ψ, χ-System. also

$$\tau_a \to \gamma_a ; \qquad \beta_a \to \vartheta_a ;$$

$$\varphi \to \gamma_{P_{i.0}} ; \qquad \lambda \to \vartheta_{P_{i.0}} .$$

Dann ist

$$\vartheta_{P_{i.0}} = \gamma_{P_{i.0}} = 0 ; \qquad \vartheta_a \cong 0 ; \qquad A = 90° \pm dA ,$$

wobei dA im Sinne von Gleichung (48) zu verstehen ist.

Mit (36) finden wir

$$dA \cong -\operatorname{cotg} M \cdot \cos\gamma_a . \tag{72}$$

M unterscheidet sich also von 90° um einen Betrag von der Größenordnung von dA. Gleichung (71) zeigt uns, daß

$$\left.\begin{aligned} \operatorname{cotg} \bar{A} &\cong \operatorname{tg} M \cos\gamma_a \\ \operatorname{tg} \bar{A} &\cong \operatorname{cotg} M \frac{1}{\cos\gamma_a} \cong -\frac{dA}{\cos^2\gamma_a} \end{aligned}\right\} \tag{73}$$

$$\bar{A} \cong -\frac{dA}{\cos^2\gamma_a} . \tag{74}$$

Weil bei unserer Problemstellung $\gamma_a < 70°$, folgt aus (74) der Winkel $\bar{A}$ von der Größenordnung von dA.

Eine Richtung, die in der photographischen Platte senkrecht zur Bahnspur des Satelliten verläuft, wird in unserem Falle somit in eine Richtung auf der Erdoberfläche abgebildet, die innerhalb eines Winkels von der Größenordnung von dA mit der Senkrechten zur ω, ψ-Ebene zusammenfällt.

Mit (12) und (13) in [1] ergibt sich das Maßstabsverhältnis in der Richtung von $d\nu$ zu $\frac{1}{\mu} = \frac{\varepsilon}{\sin P}$ mit

$$\cos P \cong -\sin\gamma_a \sin\bar{A} ,$$

und wegen (74) wird $\frac{1}{\mu} \cong \varepsilon$.

Die Ausmessung der Platte in der Richtung von $d\nu$ ist wesentlich genauer als die in der Richtung von dv, wie bereits früher erwähnt wurde, kann man doch für die zufälligen Fehler in der Richtung von $d\nu$ als Mittelwert der Auswertung einer einzelnen Platte etwa $\pm 1''$ als angemessen annehmen, wenn nur eine gute Beobachtungseinrichtung benutzt wurde, wird doch berichtet, mit einer guten Kamera $\pm 1{,}''5$ bei Integration der Satellitenbewegung über eine Zeitsekunde und $0{,}''3$ bis $0{,}''5$ bei Integration über 5 Zeitsekunden erreichen zu können. Die Szintillation der Sterne und des Satelliten dürfte der Genauigkeit schließlich eine Grenze setzen. Man hat sogar aus der Auswertung einer einzigen Aufnahme der Satellitenbahn mit einer Kamera von 75 cm Brennweite die Genauigkeit $\pm 0{,}''3$ erreichen können. Aus der Gesamtheit derartiger Aufnahmen könnte man vielleicht sogar zu $\pm 0{,}''1$ geführt werden; wobei wir immer die Ausmessung senkrecht zur Bahnspur im Auge haben.

Bei $\varepsilon = 2000$ km folgt

$$\sigma_\nu = \pm 10 \text{ m} . \tag{75}$$

Setzen wir wegen (48) $dA = 0{,}01$, was bei $\varepsilon = 2000$ km und einer Satellitenhöhe von 1000 km entsprechend den Voraussetzungen zur Gleichung (70) berechtigt ist ($\gamma_S \cong 20°$), so wird aus Gleichung (68) der mittlere Fehler von χ_a' gleich

$$\sigma_{\chi_a'} = \frac{1}{\varepsilon} (\pm 80 \cdot 0{,}01 \pm 10) \text{ m} = \frac{1}{\varepsilon} [\pm 0{,}8 \pm 10] \text{ m}$$

$$\sigma_{\chi_a'} = \pm 10 \text{ m} \cdot \frac{1}{\varepsilon} . \tag{76}$$

Unsere Voraussetzungen über die Lage der Beobachtungsstationen relativ zur Satellitenbahn wurden also so gewählt, daß nur die relativ hohe Genauigkeit der Plattenausmessung in Richtung senkrecht zur Satellitenbahn wirksam ist. Diese kommt damit zur vollen Entfaltung.

(66) ergibt die in die Ausgleichung einzuführende Dispersion der Gleichung (62), falls nur eine Platte ausgemessen worden ist, mit

$$\sigma_l = \pm 14 \text{ m} , \tag{77}$$

wenn eine ungefähr symmetrische Anordnung der Beobachtungen vorausgesetzt werden darf.

Die systematischen Fehler können mit (57) und (61) kleiner als 0,5 m gehalten werden.

In wenigen Minuten können von einem Satelliten zahlreiche Platten belichtet werden, wenn nur ein modernes Gerät zur Verfügung steht. Das Mittel aus den Beobachtungen eines Satelliten bei einem einmaligen Durchlaufen des Gebietes zwischen den beiden Beobachtungsstationen P_1 und P_2 dürfte daher mit

$$\sigma \frac{1}{\sqrt{n}} = \pm 3 \text{ m} \qquad \text{bei} \quad n = 25 \tag{78}$$

angemessen abgeschätzt sein.

Die Gleichung (62) ist noch nicht von einer vorteilhaften Form, beziehen sich doch die darin enthaltenen Koordinaten auf das ω', ψ', χ'-System, das als generelles geodätisches Koordinatensystem auch bei Raumtriangulationen nicht in Frage kommt, ist es doch allein von der räumlichen Lage der beiden Satellitenbeobachtungsstationen P_1 und P_2 abhängig. Das im Mittelpunkt O' des Rechenellipsoids parallel zum u, v, w-System abgetragene u', v', w'-System dagegen wird für die analytische Behandlung von Raumtriangulationen generell empfohlen. Die Gleichungen (25), (26), (29), (30), (31) vermitteln durch

$$\begin{pmatrix} d\omega' \\ d\psi' \\ d\chi' \end{pmatrix} = S \cdot \begin{pmatrix} du' \\ dv' \\ dw' \end{pmatrix} \tag{79}$$

und

$$\begin{pmatrix} du' \\ dv' \\ dw' \end{pmatrix} = S^{-1} \cdot \begin{pmatrix} d\omega' \\ d\psi' \\ d\chi' \end{pmatrix} \tag{80}$$

die Transformation der $d\chi_1'$ und $d\chi_2'$ von (62) in das gebräuchliche geodätische u', v', w'-System in mathematischer Strenge.

Sollen anstelle von u', v', w' die auf O' bezogene „geozentrische" Breite β', die Länge λ' und der Radiusvektor ϱ' eingeführt werden, so ist mittels Differentiation von

$$\left.\begin{aligned} u' &= \varrho' \cos\beta' \cos\lambda' \\ v' &= \varrho' \cos\beta' \sin\lambda' \\ w' &= \varrho' \sin\beta' \end{aligned}\right\} \tag{81}$$

umzuformen. Wir nähern uns den Methoden der klassischen Triangulation, wenn wir mit der geographischen Breite φ', der Länge λ' und der Geoidhöhe ζ' in bezug auf das Rechenellipsoid operieren und so von den Gleichungen

$$\left.\begin{aligned} u' &= (N + H + \zeta') \cos \varphi' \cos \lambda' \\ v' &= (N + H + \zeta') \cos \varphi' \sin \lambda' \\ w' &= (N[1 - e^2] + H + \zeta') \sin \varphi' \end{aligned}\right\} \tag{82}$$

ausgehen.

Weil der Vektor $\overrightarrow{d\chi'_{P_i}} = \overrightarrow{d\chi'_i}$ parallel einer zu O' konzentrischen Kugel verläuft, läßt sich $d\chi'_i$ auf einfachem Wege durch $d\beta'_i$ und $d\lambda'_i$ ausdrücken, haben wir doch auf der genannten Kugel das in Abb. 11 dargestellte Differentialdreieck. Für unsere Zwecke läßt

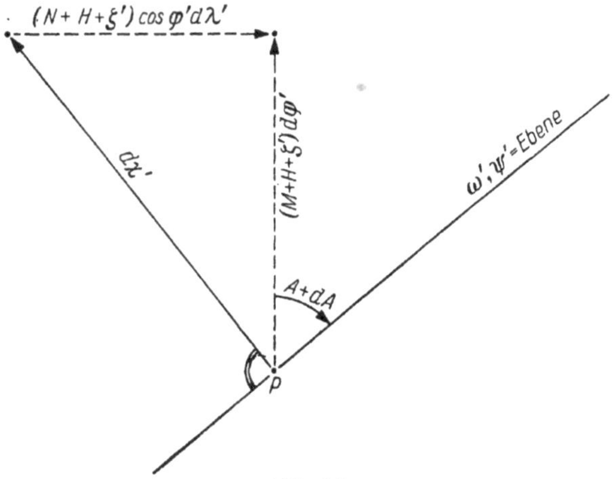

Abb. 11

sich das Differential der geozentrischen Breite in genügender Annäherung durch das der geographischen Breite $d\varphi'_i$ in bezug auf das Referenzellipsoid ersetzen.

Wir lesen ab

$$d\chi' = (M + H + \zeta') \sin (A + dA)\, d\varphi' - (N + H + \zeta') \cos \varphi' \cos (A + dA)\, d\lambda' \,. \tag{83}$$

Zur Transformation von $d\chi'$ in $d\varphi'$ und $d\lambda'$ ist die Kenntnis der Geoidhöhe freilich nicht erforderlich, und es genügt allenfalls,

$$M + H + \zeta' \cong N + H + \zeta' \cong R$$

zu setzen, wenn R der mittlere Erdradius ist.

In (83) können wir auch dA vernachlässigen. Es folgt also

$$d\chi'_i \cong R \sin A\, d\varphi'_i - R \cos \varphi' \cos A\, d\lambda'_i \,. \tag{84}$$

Damit wird aus (62)

$$\begin{aligned} \bar{v} = &- l + R \sin A_1\, d\varphi'_1 - R \cos \varphi'_1 \cos A_1\, d\lambda'_1 \\ &- R \sin A_2\, d\varphi'_2 + R \cos \varphi'_2 \cos A_2\, d\lambda'_2 \,. \end{aligned} \tag{85}$$

Die vorstehende Gleichung hat im wesentlichen die Struktur der Fehlergleichung eines LAPLACE-Azimutes, wie sie bei den klassischen Triangulationen auftritt, also die Fehlergleichung eines astronomischen Azimutes ohne die durch die Lotabweichung und die Meridiankonvergenz auftretenden Komplikationen, nämlich

$$\bar{v}_{ik} = \frac{\sin A_{ik}}{S_{ik}} \bar{x}_i - \frac{\cos A_{ik}}{S_{ik}} \bar{y}_i + \frac{\sin A_{ki}}{S_{ik}} \bar{x}_k - \frac{\cos A_{ki}}{S_{ik}} \bar{y}_k - \bar{\lambda}_{ik} \tag{86}$$

in der Bezeichnungsweise von H. WOLF [2], Seite 618, mit

$$\bar{x} = M \cdot \Delta B; \qquad \bar{y} = N \cos B \cdot \Delta L \,.$$

A_{ik} ist das ellipsoidische Azimut vom Punkte P_i zum Punkte P_k, S_{ik} die gegenseitige Entfernung dieser beiden Punkte. B steht hier für die geographische Breite, L für die Länge.

Kehren wir zur „Satellitengleichung“ (85) zurück, so braucht man dort nur durch die gegenseitige Entfernung der beiden Satellitenbeobachtungsstationen zu dividieren, und die Übereinstimmung mit der Laplaceschen Fehlergleichung bei vermittelnden Beobachtungen ist nahezu vollkommen. Freilich ist die Entfernung der beiden in unserer Gleichung (85) vorkommenden Stationen mit einigen tausend Kilometern wesentlich größer als die normale Länge einer Laplace-Visur von etwa 20 bis 30 km.

Dierelative, innere Genauigkeit eines Laplace-Azimutes wird mit $\pm 0,''3$ bis $\pm 0,''5$ zu veranschlagen sein, wobei sich die mittleren Fehler des astronomischen Azimutes und der astronomischen Längenbestimmung überlagern.

Aus der Gleichung (85) ziehen wir eine vergleichbare zufällige Variable, wenn wir die dort erscheinende Verbesserung $\bar{v}$ durch die gegenseitige Entfernung S der Satellitenbeobachtungsstationen dividieren. Legen wir 3000 km zugrunde, was im Einklang mit den bei der Fehlerabschätzung nach (56), (60) gemachten Voraussetzungen steht, so folgt als quadratischer Mittelwert von $\bar{v}/S$ nach (77), also aus der Auswertung nur einer Platte,

$$\sigma/S = \pm 1'' . \tag{87}$$

Steht eine Serie von $n = 25$ Platten zur Verfügung, dann darf man eine Dispersion von etwa

$$\frac{\sigma}{S\sqrt{n}} \cong 0,''2 \tag{88}$$

erwarten.

Dieser Wert gilt für die absolute Orientierung des Systems im Raum.

Die Wirksamkeit der „Satellitengleichung“ steht also der des Laplaceschen Azimutes nicht nach. Ja, bei der „Satellitengleichung“ sind wir sogar frei von den schädlichen Einflüssen einer mangelnden Kenntnis der absoluten Lotabweichung im Ersten Vertikal η_0 des Zentralpunktes unseres geodätischen Systems, müssen wir doch das Laplace-Azimut im Zentralpunkt wegen der nur auf gravimetrischem Wege zu ermittelnden Größe η_0 um

$$d\alpha = \operatorname{tg} \varphi \cdot \dot{\eta}_0 \tag{89}$$

verändern. Auch unter günstigsten Bedingungen wird sich der absolute Wert von η_0 aus Schwereanomalien z. Z. kaum genauer als $\pm 0,''7$ ermitteln lassen, im allgemeinen sind die absoluten Werte wesentlich ungenauer. Daher wird die absolute azimutale Orientierung durch ein Laplace-Azimut also kaum genauer als $\pm 0,''7$ bis $\pm 1,''0$ sein, im Gegensatz zur inneren Genauigkeit des einzelnen astronomisch beobachteten Laplace-Azimutes von $\pm 0,''3$ bis $\pm 0,''5$.

Orientiert man also ein geodätisches System mit einem oder mehreren astronomisch beobachteten Laplace-Azimuten und führt man dann eine „Satellitengleichung“ nach (85) zusätzlich ein, so entsteht dadurch eine Möglichkeit, die absolute Lotabweichung im Ersten Vertikal für die Station des Zentralpunktes zu ermitteln, und zwar genauer als auf gravimetrischem Wege. Eine einzelne „Satellitengleichung“ bewirkt also die absolute azimutale Orientierung der Raumtriangulation, mehrere „Satellitengleichungen“ im gleichen geodätischen System verbessern darüber hinaus nicht nur die absolute Orientierung, sie erhöhen auch die Genauigkeit des inneren Gefüges der Raumtriangulation.

Damit sind aber die Anwendungsmöglichkeiten der Gleichung (85) nicht erschöpft.

Hat man nämlich zwei Fixpunkte A und B und einen neu zu bestimmenden Punkt N und wählt man paarweise N, A und N, B als Satellitenbeobachtungsstationen im Sinne des oben angegebenen Verfahrens, so darf man von dem Festpunkt A das „Laplace-Azimut“ entsprechend der Gleichung (85) nach dem Punkt N abtragen, und man erhält eine Standlinie auf der Erde für die Lage von N relativ zu dem Fixpunkt A. Verfährt man analog vom Punkte B aus, so erhält man eine zweite Standlinie für N im System der Fixpunkte. Im Schnittpunkt beider Standlinien wird der Neupunkt N liegen.

In der geschilderten Weise immer weiter fortfahrend, kann man sehr weitmaschige Triangulationen aufbauen, doch soll dieser Gesichtspunkt hier nicht weiter verfolgt werden. Nehmen wir den Punkt P_1 als Festpunkt oder Zentralpunkt an, so können wir die Punkte P_1 und $P_{1.0}$ als identisch voraussetzen, also

$$\delta\chi_1' = \chi_{P_i}' = 0 .$$

Das vom Punkte P_1 zum Punkt P_2 weisende LAPLACE-Azimut erhält man dann aus dem wohlbekannten Azimut $(P_{1.0}, P_{2.0})$, nachdem man

$$\frac{1}{R \sin S} (-\varepsilon_1 \chi_{a.1} + \varepsilon_2 \chi_{a.2})$$

hinzuaddiert hat, wenn S der sphärische Abstand zwischen den beiden Punkten P_1 und P_2 ist.

So bleibt es noch übrig, auf die atmosphärische Refraktion einzugehen, beeinflußt diese doch die beobachteten Zenitdistanzen und damit auch die beobachteten Werte für die topozentrische Rektaszension und Deklination des Satelliten.

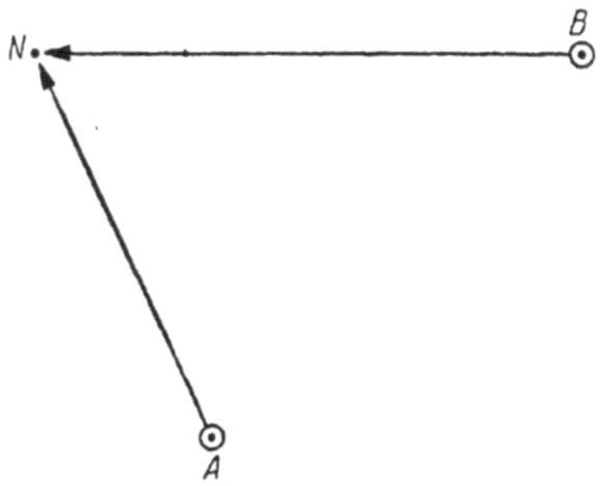

Abb. 12

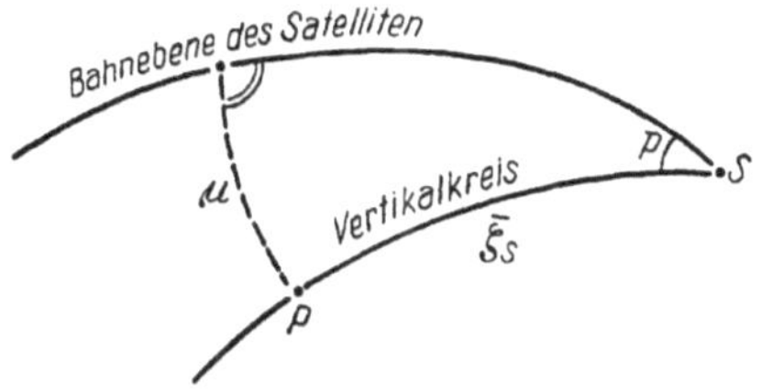

Abb. 13

Es geht jedoch nicht die astronomische Refraktion in ihrer ganzen Größe in die Beobachtungen ein, weil Zenitdistanzen nicht direkt beobachtet werden, sondern der Satellit vielmehr relativ zu den Sternen photographiert wird. Es ist also die sogenannte „Raketen-Refraktion" wirksam [4], [6]. Bei relativ hoch fliegenden Satelliten beträgt sie nur einen geringen Bruchteil der astronomischen Refraktion.

Zur numerischen Behandlung dieser Raketenrefraktion ist es notwendig, zu wissen, welchen Winkel die Satellitenbahn am Himmel mit dem auf den Beobachtungsort bezogenen momentanen Vertikalkreis des Satelliten macht.

Bringen wir sowohl die momentane Bahnebene des Satelliten als auch den den Satelliten enthaltenden Vertikalkreis für unseren Beobachtungspunkt mit der Himmelskugel zum Schnitt, so erhalten wir Abb. 13.

Sehen wir zunächst von der Eigenbewegung der Gestirne ab, so ist der gesuchte Winkel $p \cong \mu/\sin \bar{\zeta}_S$, wenn μ der sphärische Abstand des Beobachtungspunktes von der Satellitenbahnebene ist, $\mu = \bar{\mu}/R$. Mit $\bar{\mu} = 10$ km und $\bar{\zeta}_S > 30°$ folgt p immer kleiner als $1/300$.

Hinzu kommt noch der Einfluß der täglichen Bewegung der Gestirne, wodurch der Positionswinkel M der Bahn des Satelliten am Himmel um

$$\varkappa \cos \delta_S \cos M$$

verändert wird. Wir brauchen also nur dieses letzte Glied zu berücksichtigen, der Winkel p verschwindet im Vergleich dazu.

Bei unseren Voraussetzungen und Spezialisierungen wird man also in der Richtung der Satellitenbahn auf der Platte mit der vollen Raketenrefraktion zu rechnen haben, senkrecht zur Satellitenspur wirkt nur der mit $\varkappa \cos \delta_S \cos M$ multiplizierte Anteil.

Um eine Vorstellung von der Größe des numerischen Wertes der Raketenrefraktion zu bekommen, sei als Beispiel ein Satellit von 1000 km Höhe über Grund in den Zenitdistanzen $\bar{\zeta}_S = 70°$ bzw. 75° beobachtet worden. Die Tabelle VI von OTERMA [4] gibt das Verhältnis der Raketenrefraktion R zur astronomischen Refraktion ζ_∞ an.

Mit $r_0 = 6370$ km und $r = 7370$ km folgt wegen

$$\frac{r_0}{r} = 1 - s$$

der Parameter $s = 0{,}136$. Die Raketenrefraktion ist also

und

$$\left.\begin{aligned} R &= 0{,}014\,\zeta_\infty \quad \text{bei} \quad \bar{\zeta}_S = 75° \\ R &= 0{,}012\,\zeta_\infty \quad \text{bei} \quad \bar{\zeta}_S = 70°\,. \end{aligned}\right\} \tag{90}$$

Weil $\zeta_\infty = 221''$ bzw. $164''$ ist, folgen die Werte

$$R = 3{,}''1 \qquad \text{bzw.} \qquad 2{,}''0\,.$$

Der Satellit ist also in der Richtung senkrecht zu seiner Bahn auf der photographischen Platte nur um höchstens 0,"2 bzw. 0,"1 durch die atmosphärische Refraktion relativ zu den Sternen verschoben. Auf 10% ihres Wertes läßt sich die Raketenrefraktion sicherlich genau berechnen. Daraus folgen Restfehler von der Größenordnung 0,"01, die immer unberücksichtigt bleiben können.

Durch die Refraktion entsteht also keinerlei Genauigkeitseinbuße.

Schließlich soll die Frage der Sichtbarkeit des Satelliten gestreift werden, soll er doch gleichzeitig von 2 Punkten in einigen tausend Kilometer Entfernung gesehen werden.

Setzen wir einen optisch passiven Satelliten voraus, der keine eigene Lichtquelle besitzt, sondern der das Sonnenlicht zur Beobachtungsstation reflektiert, so sind wir mehr oder weniger auf Beobachtungszeiten während der Dämmerung angewiesen. Sehr große Satelliten, wie Echo 1, sind freilich auch am Tage mit bewaffnetem Auge zu sehen. Legen wir eine Zenitdistanz des Satelliten von 75° zugrunde, so ist nach [6] der Durchmesser des Bereichs der Sichtbarkeit etwa $2\,d$, und er ergibt sich nach

$$\sin(75° - d) = \frac{\varrho_P \sin 105°}{\varrho_P + H}\,. \tag{91}$$

Bei dem Erdradius $\varrho_P = 6370$ km, einer Höhe des Satelliten von $H = 1500$ km, wird $2\,d \cong 47°$. Damit können die beiden Beobachtungsstationen sogar bis zu 5000 km voneinander entfernt liegen.

Bei der Auswahl geeigneter Satelliten dürfte das Problem der gegenseitigen Sichtbarkeit nicht sehr ernsthaft sein. Optisch aktive Satelliten gestatten weitere Erleichterungen.

Was die Beobachtung großer Satelliten, wie zum Beispiel Echo 1, betrifft, so ist bei so hoch präzisen Messungen, wie sie hier diskutiert wurden, die räumliche Ausdehnung des künstlichen Trabanten und damit die „Phase" seiner Beleuchtung durch die Sonne relativ zum Beobachter zu berücksichtigen. Die Reduktion der astronomischen Beobachtungen auf das geometrische Zentrum des Satelliten erfolgt unter Berücksichtigung der gegenseitigen Lage von Sonne, Satellit und Beobachtungsort.

Freilich enthält die vorstehend geschilderte Methode gewisse Analoga zu VÄISÄLÄS Stellartriangulation, doch sind die Unterschiedlichkeiten erheblich, wie aus den vorliegenden Abhandlungen erkenntlich wird.

Aus der vorstehend geschilderten Methode, aus Satellitenbeobachtungen Laplace-Azimute zu bestimmen, leitet sich auch eine Vereinfachung zur Stellartriangulation ab, freilich unter Verzicht auf eine Punktübertragung in vertikaler Hinsicht.

Entzündet man hier nämlich nicht zwei seitlich zur Verbindungslinie der beiden Stationen gelegene Lichtblitze, sondern nur einen, der sich innerhalb weniger Kilometer mitten zwischen diesen beiden Beobachtungspunkten befindet, so leitet sich aus den Simultanbeobachtungen dieses einen Lichtblitzes das Laplace-Azimut bereits ab. Für die Bewertung der systematischen Fehler dieses Laplace-Azimutes ist wieder ein Ausdruck von der Form (56) heranzuziehen. Für die Position des Lichtblitzes im Raum braucht man freilich a priori Näherungskoordinaten. Diese lassen sich in genügender Genauigkeit aus gerade den Simultanbeobachtungen des Lichtsignals relativ zu den Sternen auf dem Wege des räumlichen Vorwärtseinschnittes leicht berechnen, wenn für die irdischen Beobachtungsstationen Näherungskoordinaten innerhalb weniger Meter genau vorliegen.

Nehmen wir als Beispiel an, die beiden Beobachtungspunkte seien $S = 200$ km voneinander entfernt, der Lichtblitz befinde sich innerhalb von 10 km mitten zwischen diesen Stationen, die Genauigkeit der Richtungsbestimmung aus der photographischen Platte sei $m = \pm 1''$ und die Höhenwinkel seien $\alpha = 1/5$.

Der räumliche Vorwärtseinschnitt liefert dann die Position des Lichtblitzes mit dem in der Beobachtungsebene genommenen mittleren Punktfehler

$$M = \frac{1}{\sqrt{2}} S \frac{1}{\sin 2\alpha} \frac{m}{\varrho''} = 1{,}7 \text{ Meter} .$$

Die Näherungskoordinaten der Beobachtungsstationen werden sich wohl immer aus dem Dreiecksnetz innerhalb von ± 2 m berechnen lassen, so daß die Ω- und die Ψ-Komponente der Position des Lichtblitzes im Sinne der Gleichung (56) kaum mehr als 3 Meter falsch sein werden.

Damit wird Gleichung (56) für diese Art der Stellartriangulation gleich

$$\begin{aligned} &- 0{,}5\,[d\Omega + 0{,}017\, d\Psi] \\ &+ 0{,}5\,[d\Omega - 0{,}017\, d\Psi] = - 0{,}017\, d\Psi, \end{aligned}$$

und mit $d\Psi = \pm 3$ Meter erhalten wir eine radiale Punktverschiebung von nur 0,05 m. Bei der Entfernung von 200 km bedeutet das einen relativen Fehler von weniger als 10^{-6}, was zu vernachlässigen ist.

Die praktische Durchführung des geschilderten Verfahrens zur Bestimmung von Laplace-Azimuten zwischen weit entfernten Stationen aus Satellitenbeobachtungen wird etwa folgendermaßen vor sich gehen:

Unter den die Erde umkreisenden Satelliten sucht man einen geeigneten heraus, dessen Bahn das geodätisch zu bearbeitende Gebiet in naher Zukunft in günstiger Weise überstreicht.

Es schließt sich eine Vorausberechnung der Bahn des Satelliten auf wenige Kilometer genau an, und damit hat man die Möglichkeit, die Lage der beiden Satellitenbeobachtungsstationen zu erkunden, und sie dann im Felde einzurichten. Über bewegliche Satellitenbeobachtungsstationen wurde bereits berichtet. Die Satellitenbeobachtungsfernrohre fast aller Typen lassen sich durchaus in einem Lastkraftwagen mitsamt ihrer Montierung transportieren.

Wenn der Satellit sich dann etwa mittig zwischen den beiden Stationen befindet, werden die Beobachtungen innerhalb weniger Minuten ausgeführt.

Schließlich wird für den Zeitpunkt der Beobachtung die Position des Satelliten aus der globalen Gesamtheit seiner Beobachtungen möglichst genau abgeleitet, wenn man es nicht vorzieht, die genäherte Position des Satelliten im Raum aus eben den Simultanbeobachgen in Verbindung mit Näherungskoordinaten für die Beobachtungstationen durch einen räumlichen Vorwärtsabschnitt zu ermitteln. Die letztere Möglichkeit dürfte die günstigere sein.

Es ist nicht daran gedacht, die beiden Satellitenbeobachtungsstationen vor dem Start des Satelliten auszuwählen und dann einen Satelliten in eine solche Bahn zu bringen, daß er die beiden Stationen zu einem geeigneten Zeitpunkt nacheinander überfliegt.

Literatur

[1] ARNOLD, K.: Satellitenbeobachtungen als Mittel zur geodätischen Punktbestimmung. Veröff. des Geodätischen Instituts Potsdam, Nr. 17 (1961).

[2] JORDAN/EGGERT/KNEISSL: Handbuch der Vermessungskunde. Bd. IV, 1. Stuttgart 1958.

[3] KAULA, W. M.: Analysis of gravitational and geometric aspects of geodetic utilisation of satellites. Geophysical Journal **5**, Nr. **2** (1961).

[4] OTERMA, L : Computing the refraktion for the Väisälä astronomical method of triangulation. Astronomia-Optika Institucio, Universitato de Turku, Informo Nr. 20, Turku 1960.

[5] RAMSAYER, K.: Astronomischer Theodolit mit automatischer Sternnachführung. DGK, A, Heft 38, München 1961.

[6] VEIS, G.: Geodetic uses of artifical satellites. Smithonian Contr. to Astrophysics **3**, Nr. 9 (1960).

[7] —: Missile-tracking camera for Coast and Geodetic Survey. Surveying and mapping. March 1962, Washington, S. 55.

Abkürzungen

X, Y, Z: Raumfestes, rechtwinkliges Koordinatensystem.
x, y, z: Mit dem Erdkörper fest verbundenes, im Schwerpunkt der Erde abgetragenes Koordinatensystem (wobei von den Polhöhenschwankungen abgesehen wird).
u, v, w: Mit dem Erdkörper fest verbundenes, im Schwerpunkt abgetragenes Koordinatensystem (unter Berücksichtigung der Polhöhenschwankungen).
u', v', w': Mit dem Erdkörper fest verbundenes, im Mittelpunkt des Referenzellipsoids abgetragenes Koordinatensystem (unter Berücksichtigung der Polhöhenschwankungen).
ω, ψ, χ: Rechtwinkliges, fest mit dem Erdkörper verbundenes, nach den Satellitenbeobachtungsstationen orientiertes und im Schwerpunkt der Erde abgetragenes Koordinatensystem.
ω', ψ', χ': Wird definiert wie das ω, ψ, χ-System mit dem Unterschied, daß es vom Mittelpunkt des Referenzellipsoids abgetragen wird.
Ω, Ψ, χ: Dieses System unterscheidet sich vom ω, ψ, χ-System dadurch, daß nach einer Rotation dieses Systems um die χ-Achse die Ω-Achse zum Satelliten zeigt.
α, δ: Rektaszension, Deklination.
φ, λ: Geographische Breite und Länge.
β: Geozentrische Breite.
ϱ: Geozentrischer Radiusvektor.
Θ: Greenwicher Sternzeit.
τ_a, β_a: Sphärische Polarkoordinaten des Vektors $\mathfrak{a}^\circ$ im u, v, w-System.
γ, ϑ: Räumliche Polarkoordinaten im ω, ψ, χ-System.
ξ, η: Lotabweichungen.
a, b: Große, kleine Halbachse des mittleren Erdellipsoids.
a', b': Große, kleine Halbachse des Referenzellipsoids.
N: Querkrümmungsradius des Ellipsoids.
M: Meridiankrümmungsradius des Ellipsoids.
e: Exzentrizität der Meridianellipse.
H: Topographische Höhe.
ζ: Geoidundulation.
ζ': Geoidhöhe.
$\bar{\zeta}$: Zenitdistanz.
ε: Entfernung: Beobachtungsstation — Satellit.
A: Azimutwinkel der topozentrischen Projektion der Satellitenbahn auf die Erde.
dv: Linienelement der Positionslinie des Satelliten auf der Erdoberfläche.
$d\nu$: Linienelement in Richtung senkrecht zur Positionslinie des Satelliten auf der Erdoberfläche.
σ: Mittlerer Fehler.

**Zur statistischen Analyse
der Fehler
im Feinnivellement**

Bei der Ausgleichung des Systems eines Feinnivellements mögen sich folgende Normalgleichungen ergeben haben:

$$A\,X - L = 0\,,$$

wenn A die Koeffizientenmatrix ist

$$A = \begin{pmatrix} [a\,a\,p] & [a\,b\,p] & [a\,c\,p] & \dots \\ [b\,a\,p] & [b\,b\,p] & [b\,c\,p] & \dots \\ [c\,a\,p] & [c\,b\,p] & [c\,c\,p] & \dots \\ \dots & & & \dots \end{pmatrix}.$$

Die Koeffizienten $a, b, c \dots$ sind ebenso wie die Gewichte p nur von der Geometrie der Schleifen des Nivellementsnetzes abhängig; somit gilt auch für die Koeffizientenmatrix A das gleiche.

X ist der Spaltenvektor der Unbekannten der Ausgleichung. Er besteht also im allgemeinen bei der vorliegenden Spezialisierung aus den Höhen der Knotenpunkte des Nivellementsnetzes.

Im vorliegenden Falle ist es aber für die Analyse der Nivellementsfehler zweckmäßig, auch noch die Höhen anderer Festlegungen mit in den Vektor X aufzunehmen.

$$X = \begin{pmatrix} x_1 \\ x_2 \\ x_3 \\ \dots \\ \dots \end{pmatrix}.$$

Schließlich ist L der Spaltenvektor der Absolutglieder

$$L = \begin{pmatrix} [a\,l\,p] \\ [b\,l\,p] \\ [c\,l\,p] \\ \dots \\ \dots \end{pmatrix}.$$

Nach einem gewissen zeitlichen Abstand sei eine zweite Beobachtung genau des gleichen Nivellementsnetzes mit der gleichen Geometrie der Schleifen vorgenommen worden. Hierbei habe sich das Normalgleichungssystem

$$A\,Y - M = 0$$

ergeben. Die Koeffizientenmatrix ist also unverändert, während für die Beobachtungen und folglich auch für die Unbekannten etwas veränderte Werte anfallen.

$$Y = \begin{pmatrix} y_1 \\ y_2 \\ y_3 \\ \dots \\ \dots \end{pmatrix} \qquad M = \begin{pmatrix} [a\,l'\,p] \\ [b\,l'\,p] \\ [c\,l'\,p] \\ \dots\dots \\ \dots\dots \end{pmatrix} .$$

Die Änderung der Unbekannten $Y - X$ bestimmt sich auch direkt aus der Differenz der beiden obigen Normalgleichungen

$$A\,(X - Y) - (L - M) = 0 .$$

Nach dem zentralen Grenzwerttheorem gehorchen die Beobachtungsgrößen l bzw. l' zum mindesten genähert einer Gaussschen Normalverteilung.

Ist ferner σ_1 der mittlere Kilometerfehler des ersten Nivellements mit den Beobachtungen l, und ist σ_2 der aus dem zweiten Nivellement mit den Beobachtungen l', so ist

$$\sigma = \pm\sqrt{\sigma_1^2 + \sigma_2^2}$$

der mittlere Kilometerfehler der Differenz beider Nivellements.

Als Fehlerfortpflanzungsgesetz im Nivellement sei das Wurzelgesetz genommen worden; entlang einer Strecke mit der Länge S sei also mit der Genauigkeit

$$\pm\,\sigma\sqrt{S}$$

entsprechend der Differenz beider Nivellements nivelliert worden.

Es läßt sich zeigen [1], daß nach den gemachten Voraussetzungen die zufällige Variable

$$\frac{1}{\sigma^2}\,(X - Y)'\,A\,(X - Y) \tag{1}$$

nach einer Helmert-Pearsonschen χ^2-Verteilung mit n Freiheitsgraden verteilt ist, wenn n die Anzahl der Unbekannten ist.

Die Matrix $X - Y$ ergibt sich aus den Diskrepanzen in den beiden Nivellements, A ist die nur von der „Geometrie" des Systems abhängige Koeffizientenmatrix.

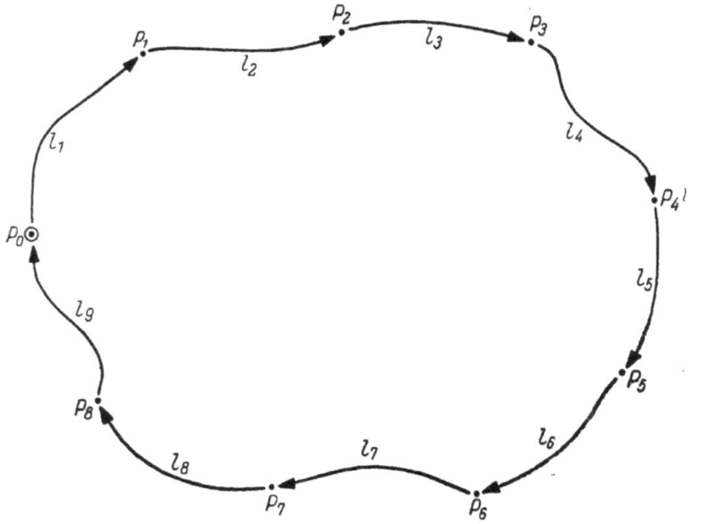

Abb. 1

Mittels dieser χ^2-Verteilung für die oben definierte Größe läßt sich nachprüfen, ob der für σ^2 gewählte Wert annehmbar ist oder nicht.

Um die Gedanken zu fixieren, nehmen wir zunächst als einfaches Beispiel eine geschlossene Nivellementslinie. Die Verbesserungsgleichungen lauten

$$\begin{array}{l}
x_1 \qquad\qquad\qquad\qquad - x_0 - l_1 = v_1 \\
- x_1 + x_2 \quad \ldots \qquad\qquad - l_2 = v_2 \\
\quad - x_2 + x_3 \ldots \qquad\qquad - l_3 = v_3 \\
\quad \ldots \; \ldots \; \ldots \; \ldots \; \ldots \qquad \ldots \; \ldots \\
\qquad\qquad \ldots - x_7 + x_8 \qquad - l_8 = v_8 \\
\qquad\qquad \ldots \qquad - x_8 + x_0 - l_9 = v_9 \,.
\end{array}$$

Wenn die l_i das Gewicht 1 haben und wenn wir $x_0 \equiv 0$ setzen, ergeben sich die Normalgleichungen folgendermaßen:

$$\begin{array}{l}
+ 2\,x_1 - \;\; x_2 \qquad\qquad\qquad\qquad - l_1 + l_2 = 0 \\
- \;\; x_1 + 2\,x_2 - \;\; x_3 \qquad\qquad\qquad - l_2 + l_3 = 0 \\
\qquad - x_2 + 2\,x_3 \qquad\qquad\qquad\qquad - l_3 + l_4 = 0 \\
\qquad \ldots \quad \ldots \qquad\qquad \ldots \; \ldots \; \ldots \; \ldots \; \ldots \\
\qquad\qquad\qquad - x_6 + 2\,x_7 - x_8 - l_7 + l_8 = 0 \\
\qquad\qquad\qquad\qquad - x_7 + 2\,x_8 - l_8 + l_9 = 0 \,.
\end{array}$$

Sind die y_i die Höhen, wie sie sich aus der Ausgleichung des Wiederholungsnivellements ergeben, so gilt für die $\delta x_i = x_i - y_i$ ein Normalgleichungssystem mit der gleichen Koeffizientenmatrix wie oben.

Wir haben also

$$X - Y = \begin{pmatrix} \delta x_1 \\ \delta x_2 \\ \delta x_3 \\ \ldots \end{pmatrix}; \qquad A = \begin{pmatrix} +2 & -1 & & \\ -1 & +2 & -1 & \\ & -1 & +2 & -1 \\ & & & \ldots \end{pmatrix}.$$

Der folgende Ausdruck

$$\frac{1}{\sigma^2}\left\{\begin{array}{l}
2\,\delta x_1^2 - 2\,\delta x_1\,\delta x_2 \\
\qquad + 2\,\delta x_2^2 \quad - 2\,\delta x_2\,\delta x_3 \\
\qquad\qquad + 2\,\delta x_3^2 \quad - 2\,\delta x_3\,\delta x_4 \\
\qquad\qquad\qquad\qquad \ldots \\
\qquad\qquad\qquad\qquad - 2\,\delta x_7\,\delta x_8 + 2\,\delta x_8^2
\end{array}\right\} \tag{2}$$

ist also eine zufällige Variable mit einer Wahrscheinlichkeitsdichte entsprechend einer χ^2-Verteilung mit 8 Freiheitsgraden.

Um ein aus der Praxis herausgegriffenes Beispiel zu behandeln, wenden wir uns dem deutschen Nordseeküsten-Nivellement zu [2].

Zunächst greifen wir die Nivellementsschleife II heraus. Sie enthält nach Anlage 3 und Abbildung 12a a. a. O. die folgenden Stationen mit den ihnen zugehörigen Nivellementswidersprüchen:

Wallenhorst:	$\delta x_1 = 0$ mm ,
Hemsen:	$\delta x_2 = +\;3$ mm ,
Papenburg:	$\delta x_3 = -\;1$ mm ,
Hesel:	$\delta x_4 = -\;2$ mm ,
Jever:	$\delta x_5 = -\;11$ mm ,
Varel:	$\delta x_6 = -\;3$ mm ,
Ahlhorn:	$\delta x_7 = -\;1$ mm .

Für das Weitere betrachten wir diese Nivellementsschleife II der Einfachheit halber isoliert, also ohne Rücksicht auf die Nivellementsschleifen III, IV, V, VI . . ., was in erster Annäherung für unsere Zwecke berechtigt sein dürfte.

Die mittlere Länge der die obigen 7 Punkte verbindenden 7 Nivellementsstrecken beträgt etwa 60 km.

Betrachten wir die Nivellementsfehler als zufällige Fehler, so gelte für sie das folgende Fehlerfortpflanzungsgesetz

$$m_S^2 = \sigma_i^2 \, S \, ,$$

wenn S die Länge der nivellierten Strecke in Kilometern bezeichnet.

Beim Nordseeküstensenkungsnivellement der Jahre 1928 bis 1931 ergab sich aus der Ausgleichung der Schleifenwidersprüche der mittlere Kilometerfehler

$$\sigma_1 = \pm\, 0{,}28 \text{ mm} \, ,$$

und bei der Wiederholung in den Jahren 1949 bis 1955 fand man

$$\sigma_2 = \pm\, 0{,}64 \text{ mm} \, .$$

Also ist für die Differenz beider Nivellements nach [2], Seite 18,

$$\sigma = \pm\, 0{,}70 \text{ mm}$$

je Kilometer anzusetzen.

In unserem Beispiel nehmen wir den mittleren Fehler einer Nivellementsstrecke der Länge $S = 60$ km als den der Gewichtseinheit.

Der Wert σ^2 nach Gleichung (1) wird also mit der Hypothese

$$\sigma^2 = 29$$

eingeführt.

Es folgt

$$\frac{1}{\sigma^2} (X - Y)' \, A \, (X - Y) = \chi^2 = 6{,}1$$

bei 6 Freiheitsgraden.

Die Wahrscheinlichkeit, daß $\chi^2 > 6{,}1$ bei 6 Freiheitsgraden ist, beträgt $p = 0{,}42$.

Die Hypothese $\sigma^2 = 29$ oder $\sigma = \pm\, 0{,}7$ mm kann man unter den gegebenen Umständen als bestätigt ansehen, jedenfalls solange Nivellementsstrecken betrachtet werden, die nicht erheblich kürzer als 60 km sind.

Durch die Bestätigung der obigen Hypothese für σ^2 wird auch das Wurzelgesetz für die Fehlerfortpflanzung im Nivellementsnetz bestätigt, solange $S > 60$ km ist. Bei $S > 60$ km haben also die systematischen Fehler schon den Charakter zufälliger Fehler angenommen.

Verringern wir nun die Längen der für unseren Test ausgewählten Nivellementsstrecken von 60 km auf 50 km, oder weiter auf 40 km, 30 km, 20 km, 10 km, und wenden wir in allen diesen Fällen den obigen χ^2-Test an, so ergibt sich daraus ein Kriterium, ob auch für solche kurzen Nivellementsstrecken nur zufällige Fehler wirksam sind. A priori ist zu erwarten, daß bei kleiner werdenden S die Hypothese

$$m_S^2 = \sigma^2 \, S = 0{,}49 \, S$$

immer schlechter bestätigt wird, weil bei kurzen Nivellementsstrecken die systematischen Fehler erfahrungsgemäß von derselben Größenordnung sind wie die zufälligen Fehler, wenn sie nicht gar gegenüber den letzteren dominieren.

An der Stelle, an der bei abnehmenden S die Hypothese $m_S^2 = 0{,}49 \, S$ nicht mehr bestätigt wird, dort dürfte die Wirksamkeit der systematischen Fehler beginnen.

So wollen wir noch ein Beispiel behandeln, bei dem der mittlere Abstand der Stationen nur 10 km beträgt. Dazu wählen wir die beiden Nivellementsschleifen III und IV aus dem Nordseeküstennivellement heraus. Wir wollen auch sie isoliert von den anderen Nivellementsschleifen betrachten, also insbesondere als unabhängig von den Nivellementsschleifen II, V, ...

Die folgende Skizze gibt einen Überblick über die Konfiguration der beiden Schleifen. Die Widersprüche der beiden Nivellements im Bereich der Schleifen III und IV wurden aus [2], Abb. 12a, Seite 31, entnommen. Sie wurden zur Vereinfachung der Rechnung so geändert, daß die Diskrepanz -12 im Punkt P_{15} zum Verschwinden gebracht wurde.

$$\delta x_{15} = 0\,.$$

Damit werden die δx_i für $i = 2, 3, \ldots, 13, 14$ gleich

$$(+\,10,\ -\,1,\ +\,6,\ -\,9,\ +\,9,\ +\,4,\ +\,11,\ +\,7,\ +\,10,\ +\,7,\ +\,4,\ +\,1,\ -\,6)\,.$$

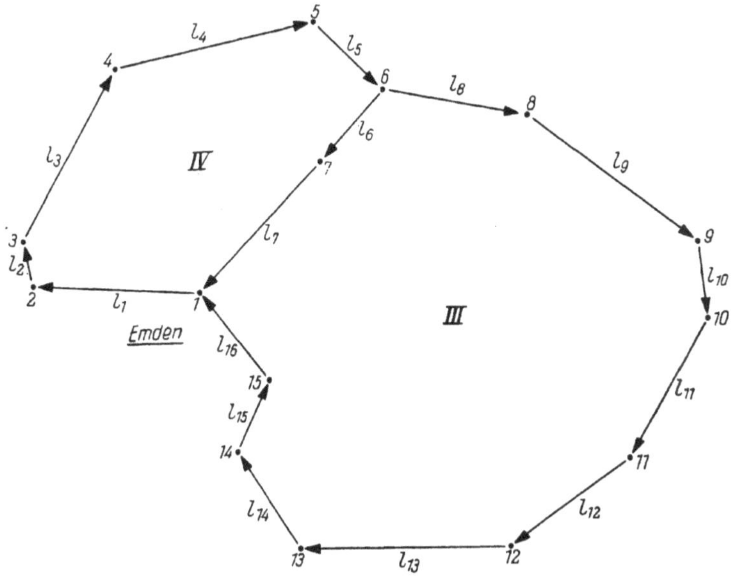

Abb. 2

Auf die Darstellung der Verbesserungsgleichungen wollen wir verzichten. Die Längen der einzelnen Nivellementsstrecken von $l_1, l_2, \ldots$ bis l_{16} betragen in Kilometern

$$(12,\ 3,\ 12,\ 17,\ 3,\ 6,\ 9,\ 12,\ 12,\ 6,\ 10,\ 6,\ 17,\ 13,\ 8,\ 8),$$

und aus ihnen ergeben sich die in die Ausgleichung einzuführenden Gewichte p. Im einzelnen haben wir für $\sqrt{p} = \sqrt{\frac{1}{S}}$

(0,29;0,58; 0,29; 0,24; 0,58; 0,41; 0,33; 0,29; 0,29; 0,41; 0,32; 0,41; 0,24; 0,28; 0,35; 0,35).

Mit diesen Daten wurden die Normalgleichungen für die Unbekannten x_1 bis x_{15} bzw. δx_1 bis δx_{15} aufgestellt. Es empfahl sich die Elimination von δx_1 und δx_{15}. So haben wir als A-Matrix für die Unbekannten $\delta x_2 \ldots \delta x_{14}$ (siehe S. 46):

Mit $\sigma^2 = 0{,}49$ wird so

$$\frac{1}{\sigma^2}(X - Y)'\,A\,(X - Y) = 386$$

bei 13 Freiheitsgraden. Dem entspricht eine Wahrscheinlichkeit von weniger als $p = 0{,}001$. Die Hypothese $\sigma = \pm\,0{,}7$ mm ist also bei Nivellementsstrecken von etwa 10 km Länge abzulehnen, und das Wurzelgesetz für die Fehlerfortpflanzung gilt nicht mehr bei so kurzen Strecken. Das Vorhandensein systematischer Fehler oder solcher Fehler, die durch das Wurzelgesetz nicht dargestellt werden, ist aufgezeigt. Insbesondere kann im vorliegenden Fall auch das Einsinken der Nivellementsvermarkungen in das umgebende Erdreich wirksam sein.

	2	3	4	5	6	7	8	9	10	11	12	13	14
2	+0,394	—0,333				—0,029							
3	—0,333	+0,416	—0,083										
4		—0,083	+0,142	—0,059									
5			—0,059	+0,392	—0,333								
6				—0,333	+0,583	—0,167	—0,083						
7	—0,029				—0,167	+0,239							
8					—0,083		—0,166	—0,083					
9							—0,083	+0,250	—0,167				
10								—0,167	+0,267	—0,100			
11									—0,100	+0,267	—0,167		
12										—0,167	+0,226	—0,059	
13											—0,059	+0,136	—0,077
14												—0,077	+0,202

Im Falle unserer Nivellementsschleifen III und IV wäre erst etwa die Hypothese $\sigma = \pm 3$ mm annahmbar. Nachdem bei der Nivellementsschleife II 7 Stationen mit einem durchschnittlichen Punktabstand von etwa 60 km herausgewählt worden waren und die Hypothese $\sigma = \pm 0{,}7$ mm einigermaßen bestätigt wurde, empfahl es sich, aus der gleichen Nivellementsschleife auch andere Punktsysteme mit kleineren mittleren Abständen von $S = 50$ km bzw. $S = 40$ km herauszugreifen. Es ergaben sich dabei Wahrscheinlichkeiten $p < 0{,}1$, so daß das Wurzelgesetz für die Fehlerfortpflanzung wohl erst ab $S > 60$ km im vorliegenden Fall gültig sein dürfte. Darüber hinaus dürfte die größere Zuverlässigkeit der unterirdischen Festlegungen gegenüber den anderen Vermarkungen wirksam sein.

Im ersten Augenblick mag es so scheinen, als ob die zufällige Variable (1) ein gutes Mittel darstellt, um zu testen, ob signifikante vertikale Bewegungen der Erdkruste während des zwischen den beiden Messungsoperationen liegenden Zeitintervalles stattgefunden haben; denn je größer diese Hebungen und Senkungen der Erdkruste sind, desto stärker klaffen die beiden Vektoren X und Y auseinander, und um so stärker müßte die zu testende χ^2-Verteilung entstellt werden. Es läßt sich aber zeigen, daß dies ein Trugschluß ist. Es ist besser, für die einzelnen x_i, y_i die mittleren Fehler nach der Ausgleichung zu errechnen, die $x_i - y_i = \delta x_i$ mit ihren mittleren Fehlern zu vergleichen und daraus einen auf der Normalverteilung basierenden Wahrscheinlichkeitstest für die Größe δx_i abzuleiten.

Hat sich nämlich als Höhenkote in einem Punkt des Nivellementsnetzes x_i und zu einem späteren Zeitpunkt y_i ergeben, und hat sich der Punkt in der genannten Zeitspanne um den Betrag α gehoben, so ist

$$x_i - y_i = z_i = h$$

eine erwartungstreue Schätzfunktion für α, und es ist

$$E(z_i) = -\alpha\,.$$

Damit h eine wirksame Schätzfunktion ist, muß eine Gleichung der folgenden Form gelten:

$$z_i + \alpha = \lambda(\alpha)\,\frac{\partial \ln f(z_i, \alpha)}{\partial \alpha}\,,$$

wenn f die Wahrscheinlichkeitsdichte von z_i und λ eine skalare Funktion von α ist. In unserem Beispiel haben wir die Wahrscheinlichkeitsdichte der Normalverteilung

$$f(z_i, \alpha) = \frac{1}{\sigma\sqrt{2\,\pi}}\,\exp.\left[-\frac{(z_i + \alpha)^2}{2\,\sigma^2}\right],$$

und es folgt

$$\frac{\partial \ln f(z_i, \alpha)}{\partial \alpha} = -\frac{1}{\sigma^2}\,(z_i + \alpha)\,.$$

Somit ist das obige Kriterium für eine wirksame Schätzfunktion erfüllt.

Die mangelhafte Eignung der Gleichung (1) als χ^2-Test für vertikale Erdkrustenbewegungen läßt sich leicht plausibel machen. Durchquert nämlich die Nivellementsschleife ein Gebiet, das sich gleichmäßig um einen konstanten Betrag gehoben hat, so ist

$$\begin{aligned} \delta x_i &= 0\,, & 0 &\leqq i \leqq p\,,\\ \delta x_i &= K\,, & p+1 &\leqq i \leqq q\,,\\ \delta x_i &= 0\,, & q+1 &\leqq i \leqq n\,, \end{aligned}$$

wenn wir von den zufälligen Fehlern der Einfachheit halber absehen und die Krustenbewegungen nur zwischen den Punkten P_p und P_q der Nivellementslinie vorgekommen seien. Im Bereich $p + 2 \leqq i \leqq q$ ist also

$$\delta x_{i-1} \cdot \delta x_i = (\delta x_i)^2 = K^2\,,$$

und ein Blick auf den Ausdruck (2) zeigt, daß sich dort die die vertikale Bewegung charakterisierende Größe K heraushebt, wenn wir von den Randpunkten P_p und P_q des Intervalls absehen. K akkumuliert sich jedenfalls nicht linear mit der Anzahl der Elemente des Intervalles $p + 1 \ldots q$, und der Ausdruck (1) kann daher nicht für einen Test über K besonders gut zu gebrauchen sein.

Literatur

[1] ARNOLD, K.: Ein χ^2-Test für die Widersprüche bei Wiederholungsmessungen. Bulletin der Technischen Hochschule zu Jassi, Rumänien (im Druck).

[2] —: Die Wiederholung des deutschen Nordseeküsten-Nivellements in den Jahren 1949—1955 (1959) und der Vergleich mit der ersten Messung in den Jahren 1928—1931 (1937). Herausgegeben von der Arbeitsgemeinschaft der Vermessungsverwaltungen der Länder der Bundesrepublik Deutschland, 1960.

[3] CRAMÉR, H.: Mathematical methods of statistics. Uppsala 1945.

[4] SCHMETTERER, L.: Einführung in die mathematische Statistik. Springer-Verlag, Wien 1956.

[5] LINNIK, I. W.: Die Methode der kleinsten Quadrate in moderner Darstellung. Deutscher Verlag der Wissenschaften, Berlin 1961.

Kolibri 360 GmbH
Ferdinand-Jühlke-Straße 7
99095 Erfurt, Deutschland
produktsicherheit@kolibri360.de